Ⓢ新潮新書

田中康平
TANAKA Kohei

最強の恐竜

1027

新潮社

プロローグ――最強の恐竜は何か

「続いては7歳のお友だちですね。質問をどうぞ！」

「いちばんつよいきょうりゅうはなんですか？」


来た！　一番強い恐竜案件。

ＮＨＫラジオ『子ども科学電話相談』で定期的に子どもたちから聞かれる難問が飛び出した。『子ども科学電話相談』は、子どもたちから寄せられた科学に関する質問に、「動物」や「昆虫」など、各ジャンルの専門家が答える番組だ。私は、北海道大学の〝ダイナソー小林〟先生こと小林快次(よしつぐ)教授とともに、「恐竜」を担当している。

番組は生放送。やり直しのきかない一発勝負。さあ、どうやって答えよう……。純粋無垢なお友だちの出鼻をくじいてはいけない。とりあえず、探りを入れてみる。

「どうして最強の恐竜を知りたいの？」

「ともだちときょうりゅうごっこをしていて……。ともだちはティラノサウルスです」

なるほど、ティラノサウルスよりも強い恐竜が知りたいのか。鈴を転がすような透き通った声でムチャクチャ難しい疑問を突き付けてくる。

とりあえず、体の大きな恐竜をすすめてみよう。

「スーパーサウルスはどうかな？」

「………はい」

スーパーサウルスがいかに巨大で防御力に長けているかを説明しても、全然納得してくれない。一応「はい」とは言ってくれる。7歳のお子さんが、私に忖度している。

アロサウルスが好きと言うので、今度は同じ類の肉食恐竜をおススメしてみた。

「じゃあ、マプサウルスはどう？　群れで戦う、とか」

「………はい」

やっぱり納得してくれない。この後もいくつか恐竜を提案するが、声色で却下されたと悟る。その模様がリアルタイムで放送される、なんという残酷な番組。

その子にはいくつか恐竜を紹介し、最終的にスーパーサウルスがいいということになった。これで、一件落着。ほっとしたが、何とも苦い経験となった。

番組が終わった後、私はもう一度考えた。一番強い恐竜ってなんだろう？　やっぱりティラノサウルスだろうか？　それとも、一番大きな恐竜のことだろうか。あるいは、角やトゲを持っている恐竜だろうか。いやいや、一番頭が良い恐竜が最強かもしれない。何をもって最強とするか。この答え、私だって知りたい。

恐竜にはそれぞれ特性がある。体が重い恐竜、足の速い恐竜、嚙む力が強い恐竜、嗅覚が優れた恐竜。これらは自然界を生き抜くための強力な武器だ。時と場合によっては、〝超〟肉食恐竜のティラノサウルスとだって互角かそれ以上に戦えただろう。

でも、ちょっと待てよ。体が重い恐竜も、足の速い恐竜も、一体どうしてそうだと分かるのだろう。恐竜は鳥を残して、６６００万年前にみんな絶滅してしまった。私たちが恐竜について知りたいとき、利用できる情報は化石しかない。骨や足跡、卵、糞、胃石などの化石。これらを使って、どうやって恐竜の体重や足の速さや嚙む力を推定しているのだろう。

恐竜研究が面白いのは、アイディア次第でいろいろな謎を解き明かすことができることだ。例えば、私は恐竜の繁殖行動や子育てを研究している。繁殖行動は生物にとって最も大切な営みのひとつである。繁殖なくして次世代に子孫を残すことはできないし、進化も起こらない。恐竜たちの繁殖術を理解できれば、恐竜たちの一生や生きざま、進化の理解につながるかもしれない。そう信じて、私はこれまでに世界各地で卵や巣の化石を研究してきた。

卵化石を調べていると、たくさんの疑問が湧いてくる。恐竜の親は卵を温めたのか、子育てしたのか、卵は何日で孵化したのか、などなど。一見、化石を見るだけでは分からないような謎も、アイディア次第で科学的に答えを提示することが可能になる。恐竜の体重や足の速さ、嚙む力などの能力も、アイディアを結集させることで解決策を見出すことができる。今日私たちが見聞きする恐竜の知見には、先人たちの努力と知識、アイディアがたくさん詰まっているのだ。恐竜研究が探偵の謎解きに例えられるゆえんである。

そこで本書では、化石から恐竜たちの能力がどうやって推定されるのかを探り、ナンバーワン恐竜を探そう。恐竜たちの体の大きさや足の速さ、嚙む力などは、繁殖行動と同じく、恐竜たちの「生きざま」を知る一側面である。「生きざま」を理解することで、恐竜たちがどういう動物だったかを知るヒントにもなるはずだ。

本書では、まずは1章で化石をめぐる私の「日常生活」からお話を始めたい。恐竜の進化や生きざまを探る研究とは、いったいどんなものなのか。それをお話しした後に、恐竜の能力を探る旅に出かけよう。

さあ、今こそ恐竜のナンバーワンを決めようじゃないか！

〈写真提供〉
17頁　Ｏｔａｂｅｋ Ａｎｖａｒｏｖ博士
54頁　ロイター／アフロ
81頁　新華社／共同通信イメージズ
１２６頁　アフロ
１５６頁　U. S. Geological Survey/AP/アフロ
２１１頁　兵庫県立人と自然の博物館
／筑波大学

最強の恐竜◆目次

1章　「化石がある」ならウズベキスタンへも

1章　「化石がある」ならウズベキスタンへも

留学生からの情報提供

「恐竜化石を見つけましたよ」

　全てはこの一言から始まった。私が勤務する筑波大学の留学生、オタベック・アンワロフ君の発した一言をきっかけに、私たちはウズベキスタン共和国という、シルクロード上の神秘的で魅惑的な国へと旅立ち、恐竜化石を探すことになった。

　正直に言うと、私はウズベキスタンという国がどこにあるのかさえ知らなかった。地図を広げてみると、ウズベキスタンはユーラシア大陸の真ん中あたり、カスピ海の東側に位置している。海がなく、周囲は「○○スタン」と付く国々だ。さらにそれらの国にも海岸がなく、ウズベキスタンは世界でも珍しい二重内陸国となっている。島国の日本からすれば、真逆のスタイルをいく国だ。

そんな国に出かけ、国境近くで化石探しを行うとは夢にも思っていなかった。まして
や、ウズベキスタン最大の新種肉食恐竜、ウルグベグサウルスを発表することになると
は、露ほども想像していなかったのだ。
それまで私は、恐竜の繁殖という、まったく異なるテーマの研究をしていた。恐竜の
繁殖研究は、博物館や実験室で卵化石を計測したり、顕微鏡で小さな卵殻化石を観察し
たりするのがメインである。一見すると地味だが、繁殖活動は生物にとって最も大切な
営みであり、進化の原動力である。卵化石には恐竜たちの「生きざま」が保存されてい
るのだ。
恐竜たちの「生きざま」を知りたい。そして恐竜進化のナゾに迫りたい。そう考えて
私は、抱卵した恐竜がいたのか、とか、大型恐竜は卵をつぶさずにどうやって卵を温め
たのか、とか、群れで巣を守る恐竜はいたのか、などを調べ、爬虫類から恐竜へ、そし
て鳥類へといかにして繁殖方法が移り変わっていったのかを研究している。砂漠で発掘
するのも楽しいけれど、コツコツ、チマチマした研究の方が自分の性に合っている……
と思っていた。
そんな私を実験室から引きずり出し、新たなプロジェクトのきっかけをくれたのはオ

地層中で骨のように見える黒い物体。本当に恐竜化石なのか

タベック君であった。オタベック君は博士課程の大学院生（当時）であり、私の所属する地球進化科学専攻で地層の研究をしていた。地層を詳しく調べ、どのように堆積物が積み重なっているか、堆積した年代はいつか、当時はどのような環境だったのかを調べる学問である。彼は母国ウズベキスタン東部のフェルガナ盆地で調査を続けていた。

キャンパスの新緑が目に眩しいある日の午後、オタベック君が私の研究室を訪ねてきた。恐竜化石を見つけましたよと言いながら、1枚の写真を見せてくれた。最初、私はナンノコッチャと思ったのだが、そこには確かに、恐竜の化石っぽいモノが写っていた。薄い赤茶色の砂岩の中に黒いシミのように埋まって、細長い物体の輪郭が確認できる。太ももの骨に見えなくもない。一緒に写ったハンマーの倍ほどの長さだから、それなりに大きい動物のものだろう。ほかにも脊椎のような形をした物体が散らばっている。化石はまだ現地に残されているらしい。ほ、ホントに恐竜なのか⁉ 骨化石の研究はあまり経験が無いけれど、これは重要な発見かもしれない。

「ここです、ここです」

そこからが早かった。5か月後の2019年10月、私はフェルガナ盆地に降り立った。〝ダイナソー小林〟先生こと、北海道大学の小林快次博士にも同行してもらった。小林先生は百戦錬磨のフィールドワーカーであり、私が大学4年生の時の指導教官だったから、とても心強い。慣れない野外調査でも、小林先生がいてくれれば安心だった。

舗装されていない悪路を走ることしばらく。薄い赤茶色の岩石が広がる荒野で車は止まった。「ここです、ここです」と興奮気味に駆けるオタベック君の後を追う。

化石が見つかったスポットには、確かに黒い塊が散乱していた。しかし、小林先生とじっと観察してびっくり、オタベック君の見つけた「恐竜化石」はなんと、木の化石だったのだ。骨のように見えた輪郭は木の幹だった。私とオタベック君は心底がっかり。

ウズベキスタン恐竜研究ドリームは目の前でパチンと消えた。現実はそんなに甘くないか……。オタベック君は化石の専門家じゃないから、責めることはできない。

しかし、「ああ、間違いをしてしまった」と思わないのがポジティブ思考の恐竜学者。その筆頭である恐竜研究のトップランナー、小林先生はこう言った。

「木の幹の化石が見つかるということは、当時ここが陸地だったということ。恐竜化石が見つかっても不思議じゃないよ。もう少し探そう」

考えてみれば、これはとてつもなく幸運なことである。ウズベキスタンで恐竜研究ができるチャンスなんてなかなかない。まだこれまで誰も、恐竜化石を見つけていないウズベキスタンのフェルガナ盆地で、日没まで化石探しに没頭できるのだ。最高の贅沢である。オタベック君のおかげで、新しい研究の扉が開かれようとしている。それをみんなの力でこじ開けよう。

フェルガナ盆地の南部に移動し、崖の上に立つと、体の奥から嬉しさがこみあげてきた。眼下には恐竜時代とされる地層が果てしなく広がっている。遠くには蛇行した川が見える。その先にある山を越えたらもうキルギスだ。白い地層に挟まれた赤くて薄い地層が褶曲によってゆらゆらと波打ち、まるで横たわったドラゴンのようにどこまでも伸びている。風がやみ、音が消えた。大きく息を吸うと、土の匂いが鼻を抜ける。一体、これまでに何人の研究者がこの地にたどり着くことができたのだろう。湧き上がる高揚感とともに、崖をゆっくりと下り、化石を探しに行く。

恐竜研究者はボウズのとき

フェルガナ盆地での調査を終えた私たちは、手ぶらで帰ることになりそうだった。残念だが仕方がない。釣り人はボウズ（釣果ゼロ）のとき、魚屋に寄って帰るという。恐竜学者がボウズのときはどうするのか。

私たちは、首都タシケントの地質博物館に立ち寄った。ビルの間に挟まれた、石造りの小さな地質博物館だ。この博物館には、ウズベキスタン中央部のキジルクム砂漠で見つかった約９０００万年前の恐竜化石がいくつか展示されている。私たちが野外調査をしたのは東のフェルガナ盆地だから、キジルクム砂漠はまた別の地域だ。

キジルクム砂漠は古くから恐竜化石がたくさん見つかる地域として知られている。ウズベキスタンは海と接していない内陸の国と先に述べたが、白亜紀のウズベキスタンには海があった。その証拠に、キジルクム砂漠では恐竜化石と共に、サメの歯などの海洋生物の化石も見つかる。当時、ヨーロッパは大小さまざまな大きさの島だったため、ウズベキスタンはユーラシア大陸の西の端にあって、海岸線沿いに恐竜たちが暮らしていたようだ。その恐竜たちが土砂に埋まり、今日、キジルクム砂漠で化石を見つけることができる。実は東のフェルガナ盆地で野外調査をしていた時も、海の痕跡がたくさん落ちていることに気が付いていた。二枚貝やサメの歯の化石をたくさん見つけ、失われてしまった大海が確かにそこにあったことを実感した。遠い昔に思いを寄せ、貝化石を耳にあてた。砂がこぼれた。

展示室はこぢんまりとしていて、古い洋館の応接間のような、どこか懐かしい雰囲気が漂っていた。私たち以外、見学者はいない。10月の西日が淡く差し込み、中央に展示されたハドロサウルス類（カムイサウルスのなかま）の骨格が淋しそうに輝いている。フェルガナ盆地でのダイナミックな景色との対比が鮮やかだった。

「え？　これは大きい……」

私たちは、展示ケースの中におさめられた、ある化石標本に目を奪われた。長さ25センチほどの板状の化石なのだが、側面に歯槽と呼ばれる、歯を収める穴がいくつも空いている。壊れていて完全な骨ではないが、形からして、肉食恐竜の上顎のようだ。恐竜

私たちの目を奪ったナゾの肉食恐竜の化石（点線内）
（ウズベキスタン国家地質博物館所蔵）

名を記したラベルはついていない。

どうも、ウズベキスタンでこれまでに知られている肉食恐竜よりも大きい気がする。この標本のすぐ隣には、別の種類の肉食恐竜の顎の骨も展示されていた。こちらはティムレンギアと呼ばれる、ティラノサウルスのご先祖様の化石だ。既に論文が発表され、詳しく研究されている恐竜である。

この肉食恐竜は新種かも

許可をもらい、ナゾの肉食恐竜とティムレンギア、二つの顎化石を展示ケースから取り出して並べてみると、大きさの違いは明らかだった。ナゾの肉食恐竜の

ティムレンギア（左）と並べたナゾ肉食恐竜の上顎骨（顎の内側の面）（ウズベキスタン国家地質博物館所蔵）

方が一回りも二回りも大きい。

私たちは、これが重要な化石であることにすぐに気が付いた。ウズベキスタン中央部では、6種類ほどの肉食恐竜化石が見つかっているが、どれも全長5メートル以下の小型種である。

見つかっている中で、比較的大きな肉食恐竜はドロマエオサウルスのなかま（ドロマエオサウルス科）で、5メートルくらい。このナゾ肉食恐竜と一緒にケースから取り出したティムレンギアは、全長3メートルほどと見積もられている。ウズベキスタンでは、これほど大きな肉食恐竜の化石はまだ報告されていないのだ。ということは、ナゾ肉食恐竜は新しい種類の恐竜である可能性がある。

９０００万年前、ティラノサウルスの系統はまだ体が小さくて、それほど強い恐竜ではなかった。ユーラシア大陸の西端で、ティムレンギアを抑え、このナゾ肉食恐竜が生態系のトップに君臨していたのではないか。私と小林先生は静かに興奮し、調査の合間のランチのときには、今後どう研究を進めようか、どんな展開になりそうか、肉食恐竜の化石の話題でもちきりだった。その一方で、私たちは冷静に骨の特徴を記録し、計測し、証拠を集めた。

この恐竜が当時最大の捕食者だったと結論付けるには、体の大きさを調べなくてはならない。見つかっている部位は上顎のみ。果たして、この限られた情報から、全長（＝鼻先から尻尾の先までの長さ）を推定することはできるだろうか。

国立科学博物館の収蔵庫

ウズベキスタンの地質博物館にあった上顎の化石は、上顎骨と呼ばれる頭骨のパーツである。皆さんにもある、上唇がある部分の骨だ。上顎骨は頭の左右にひとつずつあるが、博物館に保管されていたのはその左側である。すでに歯は抜け落ちてしまっているが、歯の収まっていた歯槽が合計で8個残されていた。残された上顎骨の長さは24・2センチ。欠けてしまっている部分の長さも考慮して推定すると、元々の長さは46センチほどだったと考えられる。

帰国してから、私は茨城県つくば市にある国立科学博物館の収蔵庫へ出かけた。国立科学博物館なら東京・上野にあるでしょ、と思う方もいるかもしれないが、実は研究者のオフィスや研究施設、そして膨大な数の標本を収蔵する標本室はつくばにある。私の職場である筑波大学と目と鼻の先なのでとても便利だ。

これまでの分析で、ウズベキスタンで観察した上顎骨はカルカロドントサウルス類という肉食恐竜のグループに属する可能性が考えられた。系統解析という、骨の特徴をコンピュータ上で解析し、恐竜どうしの系統関係を構築する方法で調べた結果だ。

カルカロドントサウルス類には大型種がたくさん含まれていて、全長10メートルを超えるカルカロドントサウルスやギガノトサウルスなどが有名だ。白亜紀後期の前半までは、カルカロドントサウルス類は北半球と南半球の両方に生息していたことが知られている。ティラノサウルスのなかま（ティラノサウルス類）が勢力を拡大する前は、カルカロドントサウルス類が世界進出を果たしており、陸上の支配者だったのだ。特に南半球ではおそらくティラノサウルス類が不在だったので、頂点に立つ捕食者として巨大種がたくさん出現している。中にはティラノサウルスのように前あしが矮小化した種（メラクセス）もいて、収斂進化したことが分かっている。

どういうわけかその後、カルカロドントサウルス類は忽然と地球上から姿が消えてしまう。北半球では完全に絶滅してしまう。その背景には、ティラノサウルス類の台頭があっただろうと私はみている。

早速、収蔵庫の整然と並んだ白いキャビネットを開けて、カルカロドントサウルス類に近縁な肉食恐竜の頭骨レプリカ標本を取り出してもらった。ノギスやメジャーを使って、上顎骨の長さや頭骨全体の長さを測っていく。

ウズベキスタンの部分的な骨とは異なり、国立科学博物館の標本は完全な頭骨だったので、その大きさにとても驚いた。骨1個だけだとその恐竜の大きさを想像するのはとても難しい。でも、完全な頭骨であればその大きさは一目瞭然。例えばヤンチュアノサウルスは上顎骨だけで47センチあり、頭骨全体では80センチ近くもあった。ちょっとしたちゃぶ台くらいある。なかなかの威圧感だ。

国立科学博物館で調査した恐竜は全身骨格が見つかっていたので、その論文に当たれば全長が記載されている。つまり、1種につき上顎骨の長さと全長データの両方を入手できる。そこで私は考えた。いろいろな肉食恐竜で上顎骨の長さと全長を調べ、両者の間に比例関係（正確には相関関係）が見られれば、上顎骨の長さから全長を推定できるだろうと。

さらにデータを集めて統計分析をすると、予想通り、高い相関関係が得られた。上顎骨が大きい種ほど、全長も大きくなる。この関係は簡単な式（$y = ax + b$ という回帰式、中学校でやったよね）で表すことができる。この式にウズベキスタンの標本も当てはめると、全長は7・5～8メートルくらいとはじき出された。全長12メートルに達するティラノサウルスやギガノトサウルスにはかなわないが、そこそこ大きな肉食恐竜だ。

ウルグベグサウルス・ウズベキスタネンシス

9000万年前のウズベキスタンには、やはりティムレンギアを凌駕する肉食恐竜が存在していた。上顎骨をさらに調べると、他のどのカルカロドントサウルス類にも見られない固有の特徴がいくつかあった。例えば、骨の表面にミミズ腫れのような縦じわが入っていたり、前眼窩窓とよばれる大きな穴の縁部分にこぶ状の隆起が見られたり、といった具合だ。ひとつだけの骨だが、4つも新しい特徴を見出すことができた。この発見により、新しい種類の恐竜であることは確定的となった。

私たちはこの恐竜を、新属新種のウルグベグサウルス・ウズベキスタネンシスと名付け、発表した。なお、本書ではいろいろなグループの恐竜が登場するが、恐竜の分類については本章末の《コラム1》を参照してほしい。

「ウルグベグ」という学名は、15世紀にウズベキスタンなどの地域を統治していたティムール王朝の君主、ウルグ・ベグにちなんでいる。ウルグ・ベグはティムール王朝の創始者であるティムールを祖父に持ち、数学者や天文学者としても名を馳せたという。

小林先生とタシケントの街中を歩いていた時、たまたまウルグ・ベグの銅像に出くわしたことがある。後から気が付いたのだが、私たちが歩いていたのは「ミアゾ・ウルグベグ通り」というウルグ・ベグを記念した通りだったのだ。私はテンションが上がり、パシャパシャ写真を撮りまくった。小林先生はいたって冷静である。銅像を見る限り、ウルグ・ベグはマッチョでイケメンだった。文武両道、およそ非の打ちどころがない、頼れるリーダーだ。地球儀を脇に携え、彼方を見つめるウルグ・ベグ像を前に、小林先生はこう呟いた。

「王さまで科学者でイケメン？　そんな完璧なやつ、いるかい？」

私はウルグ・ベグマッチョ説を信じたい。

体の大きさは肉食恐竜において重要である。大型の方が、より生態系で上位の恐竜と考えられるからだ。ウルグベグサウルスはティラノサウルスのご先祖様のティムレンギアを差し置いて、当時の生態系の頂点に君臨していたようだ。当時、カルカロドントサウルス類とティラノサウルス類が共存していたことを示す証拠だ。共存の記録として、白亜紀後期の9000万年前というのは比較的新しい。それまでの共存の証拠はもう少し古い時代（ジュラ紀後期や白亜紀前期）だった。つまり、ティラノサウルス類が北半球で勢力を拡大し、カルカロドントサウルス類が北半球から撤退するのは少なくとも9000万年前よりも後の時代、ということになる。ウズベキスタンでの発見が、肉食恐竜の競争の歴史に、新たな情報を加えてくれた。

骨ひとつでも侮れない

あの時、オタベック君が「恐竜化石を見つけましたよ」と言って私の部屋にやってこなかったら、ウズベキスタンに行くことは決してなかっただろう。あるいは、運よくフェルガナ盆地で化石が見つかっていたら（それはそれで最高だけれども）ウルグベグサウルスにはたどり着けなかったかもしれない。どっちにしても、オタベック君の一言からすべては始まったのだ。フェルガナ盆地で化石が見つからなかったのは失敗ではない。いや、失敗しても良い。失敗から新たなプロジェクトが生まれるのだ。ウズベキスタンでの経験は、失敗を恐れずに突き進めと、私たちを鼓舞してくれた。

もちろん、これですべての研究が終わったわけではない。私たちのウルグベグサウルスの研究結果に異議を唱える研究者もいる。古生物学は往々にして、タイムマシンでもない限り、正解にたどり着くことができない学問である。正解に近づくためには今後、さらなる調査が必要である。もしかしたらまだ、ウルグベグサウルスの残りのパーツがどこかに眠っているかもしれないのだ。

さらに言えば、ウルグベグサウルス研究のために行った一連の調査、すなわち、化石標本を観察、分類・同定（その化石がどのグループのどの部位であるか判定すること）し、系統的立ち位置を考えることは、古生物学研究の基本的な調査だ。その恐竜は足が速かったのかとか、嗅覚が発達していたのかとか、生きざまに関する研究は基礎研究を土台として行われる。つまり、私たちはようやくウルグベグサウルスの生態をより深く研究するためのスタートラインに立ったと言ってもいい。この恐竜を理解するには、もっともっと調査が必要である。

たかが、上顎の骨ひとつかもしれない。しかし、侮ることなかれ。体の大きさがある程度推定できることは述べてきた通りだし、例えばマイクロCTスキャンという機器を使って骨の内部を透視すれば、血管や神経が骨の内部に張り巡らされている様子を観察することもできるだろう。顎先に神経が発達していたとなれば、顎には鋭い感覚が備わっていた可能性がある。現に、ウルグベグサウルスに近縁なネオヴェナトルという肉食恐竜では顎の感覚が鋭かったことが分かっている。感覚が鋭い顎は、獲物を食べるときに役立てられたかもしれないし、巣を作ったり、卵やヒナをそっと咥えたりと、繁殖のときに用いられていたかもしれないのだ。

そう考えると、恐竜の化石標本には無限の可能性が広がっている。アイディア次第で、いろいろなことが推測できる。本書でこれから紹介するのは、恐竜のさまざまな能力である。体の大きさ、足の速さ、賢さ、顎の強さ……。どれも一筋縄では推定できないが、先人たちが工夫を凝らして挑戦してきた。そこで、各能力のナンバーワン恐竜を探そうじゃないか。先にお断りしておくと、能力によってはナンバーワン恐竜を特定することができない場合もあるので、そこはご理解いただきたい。ゴメンネ。

ただし、本書の狙いは、どの恐竜がナンバーワンか決めるだけではない。ナンバーワン恐竜を探すため、あるいは、恐竜の能力を推測するため、どうやって難題に立ち向かっていくか、ということである。結果ではなく、過程を楽しむのが古生物学研究の醍醐味だ。

あわよくば恐竜の能力をうまく推定できたとき、進化上、その能力には一体どんな意味があるのだろう。能力を知ることによって、恐竜たちの世界をどう解釈できるのか。そんなことも本書で紹介していきたい。

恐竜研究はパズルのようでもある。うまく証拠を集めていくと、ピタリと合わさるときがある。その感覚を覚えるときが、研究をしていてたまらなく面白いと思う瞬間である。そんな研究の世界へ、少しだけ読者の皆さまをお連れしたい。これから、恐竜の能力を探る世界旅行へ出かけよう。パスポートは持ったか？　恐竜研究は待ったなしだ！

《コラム1》恐竜の分類

本書ではいろいろな恐竜のグループ名が登場するので、ここで恐竜の分類についておさらいしておこう。「この恐竜なんだったっけ?」となったときはいつでもこのコラムに戻ってきてください。

図版1は本書に登場する恐竜の系統樹だ。系統樹とは家系図の拡張版のようなもので、恐竜たちの類縁関係を示したものだ。恐竜類は爬虫類の一派、特に主竜類とよばれるグループに属する。プレシオサウルスやモササウルスなど、恐竜時代には他にも大きな爬虫類がたくさんいたけれど、主竜類に含まれるのは翼竜類（プテラノドンのなかま）とワニ類である。主竜類には二大系統があり、一方はワニ類を含む系統、もう一方は翼竜、絶滅した恐竜類、そして鳥類を含む系統である。つまり、現在生きている動物で恐竜に近いのはワニ類と鳥類ということになる。恐竜学者が恐竜を理解するために、現在のワニ類や鳥類も研究する理由はそこにある。ちなみに、モササウルス類やプレシオサウルス類、魚竜類は恐竜とは遠縁の海棲爬虫類である。恐竜ではないのでお間違いなく!

さて、三畳紀の中頃、主竜類の一派から出現した恐竜類は、骨盤の形態の違いから、二つのグループに分けられる。鳥の骨盤に似た鳥盤類とトカゲの骨盤に似た竜盤類である。鳥盤類には顎や歯を発達させた鳥脚類と、トゲや角、フリルなど、頭に装飾のある

図版１　本書に登場する主な恐竜の系統樹

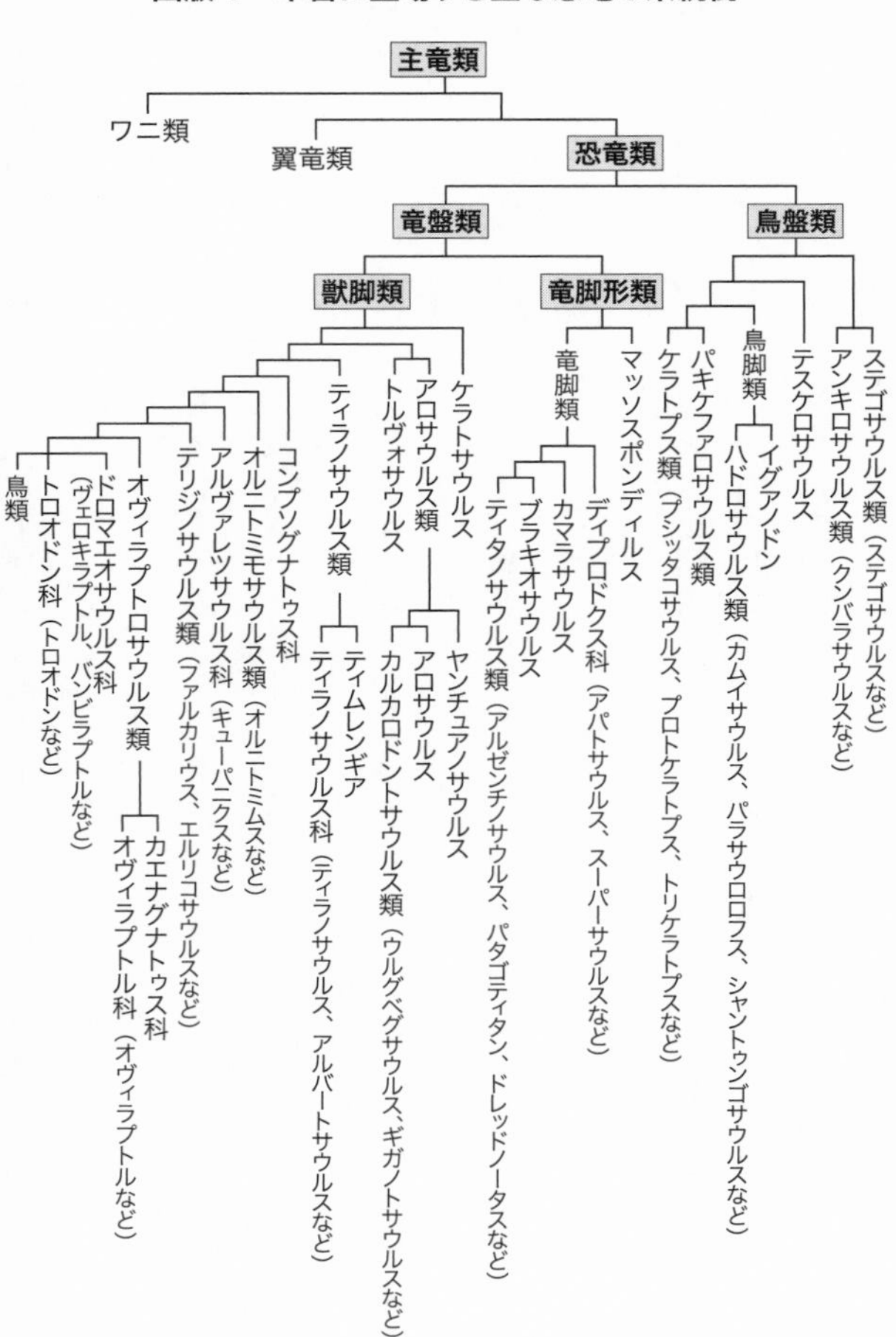

ケラトプス類とパキケファロサウルス類などが含まれるほか、板やスパイク、コブなど、主に背中に特徴のあるステゴサウルス類やアンキロサウルス類が存在する。竜盤類には首の長い竜脚形類と主に肉食性の獣脚類が含まれる。獣脚類は最も多様なグループで、二次的に雑食や植物食に進化した種のほか、鳥類が含まれる。ややこしいけれど、鳥が属するのは「鳥盤類」ではなく「竜盤類」である。鳥盤類の骨盤が鳥のそれと似ているのは他人のそら似（つまり収斂進化）であり、鳥とは関係がない。ここに挙げた恐竜の系統関係に異議を唱えている学者もいるが、ほとんどの学者はこの仮説に従っているので、本書もこのまま話を進めることにしよう。

2章　史上最も大きな恐竜は？

研究者も気になる「体の大きさ」

恐竜たちはすごい能力を持っていた。他のどんな陸上動物よりも大きな体、骨まで砕くと言われる強靱な顎、ウサイン・ボルトにも勝るとも劣らない俊足、そして現生鳥類に迫る感覚器官、などなど。恐竜はさまざまな記録に果敢に挑戦した生物だ。最近の新しい技術や手法によって、その能力がより正確に復元され、情報がどんどん更新されている。

そんな恐竜たちの能力を見てみたい。各能力で頂点に立つ、ナンバーワン恐竜はなんだろうか。

この章では、手始めに体の大きさについて考えてみよう。体の大きさは恐竜研究においてとても重要である。恐竜の能力を考える上で、基準となるパラメータだからだ。

図版２　現生主竜類の親の体重と卵の重さの比較

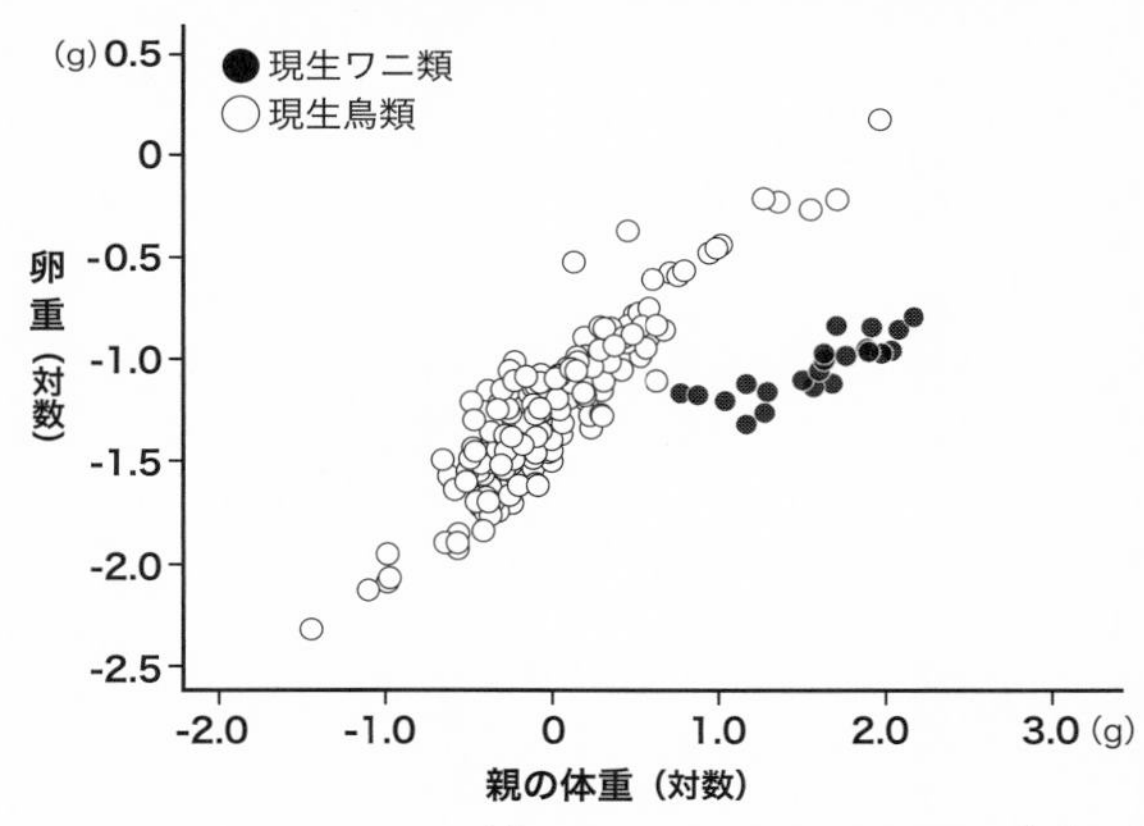

出典：Werner and Griebeler (2013) に基づいて作成

どういうことか、一つ例を紹介しよう。私は恐竜の繁殖に興味を持っている。恐竜たちは、どれくらいの大きさの卵を、何個くらい産んだのだろうか。サケのように、小さな卵をたくさん産んだ恐竜はいたのだろうか。逆に、ツバメのように、大きな卵を少しだけ産む恐竜はいたのだろうか。卵の大きさと数を知ることは、繁殖戦略の理解に繋がるのだ。

ここで、卵が「大きい」とか「小さい」と表現したいとき、何をもって「大きい」とか「小さい」と判断すればよいだろうか。私たちは、「体のわりに」卵が大きいのか小さいのかを知りたいはずだ。イクラが小さいと思えるのは、イクラに対してサケの体がずっと大きいことを知っているからだ。ツバメの孵化直後のヒナが大きいと感じるのは、親子の体格差が、サケとイクラほどかけ離れていないことを知っているからだ。つまり、体の大きさに対しての相対的な卵の大きさを知る必要がある。相対値にすることで、体サイズの違う恐竜で卵の大きさを比較することができるようになる。横軸に体の大きさ、例えば体重を取り、縦軸に卵の重さを取る（実際には対数を用いる）。すると、相対的に卵が大きいのか小さいのかが一目瞭然である（図版2）。恐竜たちの繁殖戦略を解明するためには、卵の大きさだけでなく、親恐竜の大きさも調べる必要があるのだ。

そういうわけで、体の大きさは恐竜の能力を考えるときに基準になる。これは何も繁殖に限ったことではなく、代謝率とか、脳の大きさとか、体の大きさを基準にとると比較しやすい例はたくさんある。本書を通して、そういう例がたくさん出てくる。

私は大学院生のときから、恐竜たちの相対的な卵の大きさ、ひいては繁殖戦略を探るため、体の大きさ（例えば、体重）も一緒に調べている。時間を見つけては各地の博物館を訪れ、骨格標本を測定している。日本をはじめ、カナダやモンゴルなどに出かけ、せっせと体重に関するデータを集めてきた。

恐竜研究は砂漠で化石を発掘するばかりではない。前章のように、化石が収蔵されている世界中の博物館へ出かけ、化石を観察したり、計測したりと、標本調査を行うこともある。博物館には展示スペースだけでなく、大きな収蔵庫があり、貴重な標本を次世代に伝えるために保管しているのだ。

繁殖戦略の進化変遷を探るには、いろいろな恐竜のグループでまんべんなくデータを集める必要がある。北米やモンゴルでデータ収集に努めた私は、その他の国でも同じように恐竜の骨格を計測したいと思っていた。そこで中国で調査をするために、いつも協力してくれる中国人研究者にメールを送った。

「ハオハオ、コーヘイ、それじゃあ11月28日に大連で待っているよ」

返事を返してくれたのはジュンチャン・ルー博士。ジュンチャンは北京にある中国地質科学院の教授だが、常に中国各地を飛び回っていて、猛烈な勢いで研究を続けている。それゆえ、北京にいないことがほとんどだった。だからジュンチャンとの調査旅行では、いつも中国のどこかの街で待ち合わせている。

飛ぶ鳥を落とす勢いのベテラン研究者なのだが、私のような若手にも気さくに接してくれるのが嬉しい。予定は決まった！　モーレッツ恐竜学者とともに、恐竜の（卵と）体の大きさを探る旅へ、さあ出かけよう。

中国・河南省地質博物館へ

2017年12月9日夕方、大連と杭州で調査を終え、ジュンチャンと私は鄭州（ていしゅう）空港に降り立った。鄭州は河南省の省都であり、これまでに何度も訪れたことがある地だ。大学4年生の時には卒業研究で卵化石を調査したこともあったから、それなりに思い入れがある。巨大な官庁公舎が立ち並ぶ街並みは都会的で無機質な印象を受けるが、迎えてくれる人々は温かい。

今回も、河南省地質博物館のスタッフは私たちの到着と同時にレストランへ直行し、（私は風邪気味だと言っているのに問答無用で）歓迎会を開いてくれた。円卓を囲むのは私が大学4年生の時から知っている顔である。懐かしいし、また戻ってこられて嬉しい。黄河でとれた大きな魚を食べ、白酒（パイチュウ）でのどを潤す。いつもは忙しく働いているジュンチャンも今宵は始終笑顔だ。シメの麺料理が運ばれてくるころにはお腹がはち切れそうになり、鄭州1日目の夜は楽しく更けていった。

翌朝、早速ジュンチャンと河南省地質博物館に向かう。立派な建物で、入り口の前に

河南省地質博物館のシンボル、巨大竜脚類の実物大模型。抜群の存在感を発揮している

ジュンチャンが発表した巨大な竜脚類の実物大模型が設置されている。見上げれば首が痛くなるほど大きな恐竜だ。河南省ではこのような巨大恐竜が何種類も見つかっている。

この日は日曜日でスタッフは休みだったので、展示室を見学することしかできなかった。展示室には、河南省で掘り出された恐竜化石がたくさん展示されている。そのほとんどが、ジュンチャンが研究した標本やこれから研究する予定の標本である。彼の研究のおかげで成り立っているような博物館だが、本人に偉ぶる様子はない。「この標本は今度、お世話になったアメリカの先生と一緒に研究しようと思っているんだ」と、立体的に保存された精緻な骨格標本を指さす。ジュンチャンは自分のためというよりも、いつも誰かのために研究しているように思える。いや、自分自身は研究を楽しんでいるからこそ、付加的についてくる名声には興味が無いのだろう。博物館のスタッフが彼のことを慕う理由がよく分かる。アメリカ留学時代にジュンチャンと同じ研究室だった小林快次先生も、以前同じようなことを言っていた。

「研究してやるのではない、こちらはいつも研究させてもらっている立場なのだ、それだけは間違えてはいけない」

研究の原動力は「知りたい」という欲求である。それさえ満たすことができれば、他のことは気にならない。ジュンチャンや小林先生の真摯に研究に向き合う姿勢は、研究者のあるべき姿を思い出させてくれる。

さて、休日だからといって展示室をただブラブラするだけではもったいない。スケジュールの都合上、河南省で標本の調査ができるのは明日1日しかなかったので、私は展示室を回って、調査したい標本や、今後の研究のために重要そうな標本を確認することにした。河南省地質博物館には何度も訪れたことがあるけれど、以前と違う目的で訪れると、得られる情報も変わってくる。

いつもなら、卵化石のことばかり考えているから、骨化石は気にも留めていない。「ああ、こんな化石も展示されているんだな」くらいにしか思わない。しかし今回、恐竜の体重測定を行うとなると、俄然骨化石に興味が湧いてくる。「あ、この標本は計測に使えそうだ」とか「残念、これはちょっと部位が足らないなあ」とか、普段とは違うものの見方になる。

展示室を回ってみて、全身骨格や私が測りたい部位が保存された標本は意外と少ないことが分かった。計測可能ないくつかの標本に集中することにしよう。

翌日、ジュンチャンと再び博物館へ。標本を保管する収蔵庫に研究スペースを作って

アジア最大級の恐竜ルーヤンゴサウルスの右の大腿骨。この丸太のような骨の周囲長を測定する（河南省地質博物館所蔵）

もらい、早速調査を始める。収蔵庫というと倉庫のような部屋を連想してしまうかもしれない。実際は化石標本を保管しておくためのかなり大きな部屋だ。四方を埋める棚だけでなく、床にまで標本が置かれている。埃っぽくて薄暗く、研究に興味がない人にとっては陰気な場所に感じるかもしれない。しかし、研究者にとってはどこに掘り出し物があるかもしれない、宝の部屋なのだ。

標本に足をぶつけないよう、注意しながらゆっくりと部屋の奥へと進むと、壁の手前に、茶色い木の幹のようなものが立てかけてあることに気が付いた。大きな金属フレームでがっちりと固定されている。大切に置かれたその様子は、神社の御神木のようにも感じられる。それは巨大な恐竜の脚の骨だった。ジュンチャンが嬉しそうに言った。

「コーヘイ、これがルーヤンゴサウルスだよ」

アジア最大級ルーヤンゴサウルス

「ルーヤンゴサウルス・ギガンテウス」はジュンチャンが研究し、命名した恐竜だ。アジア最大級の恐竜と言われている。竜脚類というグループに属し、ブラキオサウルスやアパトサウルスと同じように、長い首と大きな胴体がトレードマークの恐竜だ。

ルーヤンゴサウルスが見つかったのは、河南省の汝陽（ルーヤン）という町。私は以前、ジュンチャンと一緒に汝陽を訪ねたことがある。なだらかな丘がどこまでも続く農村だった。それがルーヤンゴサウルスの故郷だった。晩秋の汝陽は草木も枯れ、木枯らしがピューピュー吹いていた。

ジュンチャンがやって来たことに気が付くと、村人は家の奥から石ころのような化石が入った古い布袋を持ってくる。村人たちは、彼が学者であることを知っているらしく、化石を念入りに眺める彼から発せられる言葉をじっと待った。ジュンチャンが眼鏡をずらしてチェックする骨のかけらには、骨特有のスポンジ状の構造が見て取れた。ジュンチャンの口から、何の化石かは明かされなかったが、いつもの冗談を言うトーンとは明らかに違う低い声で、村人と短く言葉を交わす。早速、見つけた場所に案内してもらうことに。楽しそうに、村の子供たちが私たちの後に続く。

村人が指さした場所は、「本当にここから恐竜化石が見つかったの？」と疑いたくなる場所だった。赤茶色の土が露出した畑の真ん中である。畑を掘って恐竜化石が出てくるなら、花咲か爺さんも真っ青だ。私たちはショベルを借りて、さらに化石が埋まっていないか確認してみた。しばらく掘ったものの、結局何も出てこなかった。この時はもう、おおかたの発掘調査が終わった後だったから、ルーヤンゴサウルスのめぼしい掘り残しはないようだった。ジュンチャンはそのことを確認し、満足したようだった。

ジュンチャンの研究は、村人に化石がないか聞いて回ることから始まる。化石が出やすい中生代の地層を歩いて探すのが普通だが、ここは広い中国。「聞いて回る」方が効率的だ。そしてこの地道な努力が実を結んで、アジア最大級の恐竜化石が見つかったのだ。あの石ころのような骨のかけらを見て、大発見につながるとは、ジュンチャン、恐るべし！

どうやって全長を測るのか

話を河南省地質博物館の収蔵庫に戻そう。そんな努力の賜物であるルーヤンゴサウルスの標本は、巨大すぎるのでほとんどが床に置かれていた。背骨が連結して一塊になった標本は、まるでのび太くんたちが遊ぶ空き地の土管のようだ。腰の背骨は腸骨（骨盤の骨）とくっついていて、左右の幅が2メートル以上もあった。

私が興奮しながら骨盤を計測したり、写真を撮ったりしてせわしなく動いていると、「僕の写真も撮ってくれよ」とジュンチャンが横から割り込んでくる。そこからなぜか骨盤とのツーショット撮影会が始まり、ジュンチャンは満足そう。ジュンチャンと旅をしていると、撮影会がたびたび開かれる。一体その写真を誰に見せるんだか。

さて、このルーヤンゴサウルスの体の大きさを知るには、どうしたらよいだろう。床に骨を並べてみたら、その全長が分かるかもしれない。しかし、問題があった。ルーヤンゴサウルスはかなり不完全な骨格で、胴体部分と後ろあししか見つかっていないのだ。たとえ見つかっている部位だけを使っても、ルーヤンゴサウルスの巨大な骨格を並べられるほど広い床はない。全身を並べて測る案は却下である。

恐竜の場合、頭からしっぽの先まで一個体が丸ごと化石として残っていれば、全長を正確に割り出せるだろう。しかし、ルーヤンゴサウルスのように恐竜化石はたいてい不完全で、骨格の一部分しか見つからない場合が多い。そんな時は、ほかのよく似た恐竜で欠損部分を代用するという手もあるが、どうしても誤差が生じてしまう。正確な全長の推定には全身骨格が揃っていないと難しい。

実際、私は全長を測ろうとは考えていなかった。1章ではウズベキスタンのウルグベグサウルスの大きさを知るために全長を推定したが、恐竜の体の大きさを示す尺度として、実は全長はあまり使われないのだ。あれ、図鑑を開けば、恐竜の全長が載っているじゃん！　と思われるだろう。確かに、ティラノサウルスは全長12・5メートル、ブラキオサウルスは全長26メートルといった感じで堂々と記述されている。

全長は便利な尺度ではある。頭の中でだいたいの大きさをイメージできるし、ものさしやメジャーなどがあれば簡単に計測できる。だけどちょっと待ってほしい。先ほど述べた問題だけでなく、さらに厄介な問題点がある。長さは直感的に分かりやすいが、全長を大きさの比較基準にすると、不都合があるのだ。

キツネとアオダイショウの「大きさ」

動物はグループによって形が異なる。太くてずんぐりむっくりした動物もいれば、紐のように細長い動物もいる。キツネとアオダイショウを比べたとき、ヘビであるアオダイショウの方が全長は大きい。アオダイショウが最大で2メートルほどもあるのに対し、ホンドギツネはしっぽを含めて94～107センチだ。もちろん、体重が重いのはキツネの方だ。ホンドギツネが3～6・6キログラムもあるのに対して、アオダイショウでは1キログラム程度しかない。つまり、体の長さを基準にするとアオダイショウの方が大きくて、体重を基準にするとキツネの方が大きくなる。

同一のグループや同一種を扱う場合は体の形が似ているから、長さを比較するだけでも良いかもしれない。でも、恐竜たちはグループによって形が大きく異なる。いろいろな形や種類の動物をまぜこぜで比較する場合、長さだけでは混乱しそうだ。

そこで大きさの指標としてよく用いられるのが体重である。ただし、体重の推定も一筋縄ではいかない。絶滅した恐竜は既に骨化石になってしまっているのだから、生きていた当時の体重を割り出すには何かアイディアが必要なのだ。いや、万が一生きているルーヤンゴサウルスを生け捕りにできたとしても、かれらを乗せられるほど大きな体重計は存在しない。巨大恐竜の体重をどうやって測定しようか。

恐竜の体重を測る「道具」

私には奥の手があった。私が調査カバンから取り出したもの、それは巻き尺である。実は、二の腕の骨（上腕骨）と太ももの骨（大腿骨）を使った、便利で簡単な体重の推定方法が考案されているのだ。

体重を推定するのに適した骨は何だろう。研究者たちが注目したのは四肢（前あしと後ろあし）の骨だ。脚の骨は体重を直接支える骨だから、その長さや太さ（周囲長）は体重と相関関係がありそうだ。それ以外の部位（頭骨長や全長など）が用いられることもあるが、多くの研究者が利用するのは上腕骨と大腿骨だ。先人たちは、まず、現在生きているいろいろな陸上動物（爬虫類や哺乳類などの四足歩行動物）の体重と脚の骨のデータを集めた。脚の骨のデータには、上腕骨と大腿骨の周囲長が用いられる。そしてこれら脚の骨の周囲長は、体重と高い相関関係があることを示した。脚の骨の周囲長から、体重を計算する式（回帰式）を使えば、恐竜の体重も推定できるというわけだ。四足歩行の恐竜では上腕骨と大腿骨の周囲長、二足歩行の恐竜では大腿骨の周囲長を測る。

本当はその式を載せたいところだが、本書の編集者が「数式アレルギーの読者がアナフィラキシーショックを起こすといけないから、数式はヤメテ〜！」と訴えるので、ここでは登場しません。興味のある方は本章末の《コラム２》をご参照ください。私は数式で人を殺すという、猟奇的犯罪者にはなりたくないのだ。ご理解を！

この方法を使って、私は丸太のようなルーヤンゴサウルスの右の大腿骨の周囲長を測ってみた。抱きかかえるようにして、巻き尺をぐるりと通す。周囲長は76センチを超えていた。直径はおよそ24センチ。Mサイズのピザと同じくらいだ。ルーヤンゴサウルスは四足歩行の恐竜だから、体重を推定するためには前あしの骨、上腕骨も計測しないといけない。しかし、ここで再び重大な問題が。ルーヤンゴサウルスでは、上腕骨が発見されていないのだ。四足歩行動物の場合、上腕骨と大腿骨が揃って初めて体重推定が可能となる。残念ながら、この巨大恐竜の体重を推定することはできなかった。

ある研究によれば、ルーヤンゴサウルスの全長は30メートルを超えるだろうと予想されている。これまでに見つかっている竜脚類と比較すると、30メートル級の竜脚類の骨と同じくらいの大きさだからだ。30メートル級の超巨大竜脚類は体重が数十トンにもなると見積もられている。ルーヤンゴサウルスがそれくらいあってもおかしくはないだろう。上腕骨が見つかっていたら……と残念に思ってしまう。

ちなみに、恐竜の体重を推定する方法は、他にもいくつか考案されていて、なるほどと思わせる面白い方法もある。新しい手法を考えるのは研究の醍醐味だ。外国の砂漠で新種を発掘するばかりが恐竜研究ではない。他の誰もが思いつかなかった新しいアプローチや手法を見つけることが、研究をしていて一番エキサイティングな瞬間だと私は思う。しかしながら、その他の推定方法はページ数の都合で割愛させていただきたい。また別の機会に紹介しよう。

歴代の「世界一」たち

今回、私はルーヤンゴサウルスの正確な体重を推定することができなかった。骨格化石が不完全であるためだ。これと同じ問題は、超巨大な竜脚類全般で言える。全身の骨が揃った標本はとても少ない。このことが、竜脚類の体サイズ推定をとても曖昧なものにしている。

実は私は子どもの頃から、世界一をかたる竜脚類に振り回されている。

「史上最大の恐竜は何か」

これは誰しもが思い浮かべる疑問ではないだろうか。かつての私もそうだった。

私がまだ中学生だった時のこと。地元の科学館で「大恐竜展：失われた大陸ゴンドワナの支配者」が開催された。国立科学博物館から、巡回展として名古屋にも巡ってきたのだった。ゴンドワナとは当時、南半球にあった巨大大陸のこと。現在のアフリカ、南アメリカ、南極、オーストラリア、インドなどの各大陸がひとかたまりになっていた。

恐竜少年だった私は、珍しい南半球の恐竜に大興奮であった。一番の目玉はアルゼンチン最大の肉食恐竜というギガノトサウルスの復元骨格。推定全長が13メートルあり、ティラノサウルスをも凌駕する巨体だ。

アトランタ・ファーンバンク自然史博物館に展示されている世界最大とおぼしき恐竜アルゼンチノサウルス

巨体といえばもう一つ、世界最大の恐竜と謳われるアルゼンチノサウルスの骨化石のレプリカがいくつか展示されていた。アルゼンチノサウルスはルーヤンゴサウルスと同じく竜脚類に属する。図録を開くと、アルゼンチノサウルスは推定全長約40メートル、体重約100トンとある。〝史上最大の陸上動物と考えられる〟そうだ。展示は骨の一部だけだったが、ひとつひとつが岩のように大きい。これが骨だなんて信じられない。さすがは世界最大の恐竜。圧倒的な存在感だ。

それから4年後、高校生だった私は家族旅行で関東を訪れた。この時は幕張メッセで恐竜展が開かれていた。その名も「世界最大の恐竜博2002」。世界初公開となる竜脚類セイスモサウルスの全身復元骨格がドーンと展示されていた。図録を開くと全長35メートルで〝世界最大級の恐竜〟と書いてある。会場には、いつか見たアルゼンチノサウルスのレプリカもあった。こちらの図録には、アルゼンチノサウルスの全長は30メートルとある。あれ、いつの間にか10メートルも小さくなっている。どうやらセイスモサウルスのほうが巨大だったらしい。4年のうちに記録が変わるとは、まるでオリンピックのようだ。

さらに4年後、幕張メッセで今度は「世界の巨大恐竜博2006」が開かれた。私はもう大学生になっていた。今回の目玉はスーパーサウルス。スーパーサウルスもアルゼンチノサウルスやセイスモサウルスと同じ竜脚類に属する。図録によれば全長は33メートル。〝世界最大級〟の恐竜とある。パッと見ただけでは、セイスモサウルスとの体格差は分からない。

ここまでをまとめると、世界最大の恐竜は全長35メートルを誇るセイスモサウルスということになる。でも令和になった今、書店に並んでいる恐竜図鑑を開いてみると、セイスモサウルスの名前は消えている。セイスモサウルスどこいった?

その後も夏になると魅惑的な恐竜展がたびたび開催され、「最大」という言葉を頻繁に耳にした。巨大竜脚類のトゥリアサウルスや我らがルーヤンゴサウルスが日本にやって来た。毎度全米ナンバーワンを記録するハリウッド超大作のキャッチコピーのようだ。しかし、なぜこんなにも世界最大の謳い文句に使われる恐竜が多いのだろうか。図録によって全長が異なるのは一体どういうことだろう。「世界最大」とは唯一無二の称号のはずだ。結局、どの恐竜が一番大きいのだろう。今こそ、繰り返しやってくる「世界最大の恐竜」論をいったん整理してみる時ではないだろうか。

図版３　巨大竜脚類の推定体重

恐竜	体重（トン）
アルゼンチノサウルス	94.7
パタゴティタン	69.1
ドレッドノータス	59.3
ブラキオサウルス	57.6
ルーヤンゴサウルス	53.9
トゥリアサウルス	50.9

Linear ES estimate を用いた推定値
出典：Campione and Evans (2020)

アルゼンチノサウルスは「95トン」？

ここで巨大竜脚類の体重を比較してみよう。図版３をご覧いただきたい。これらは上腕骨と大腿骨が発見されている種、あるいはそれらの骨の周囲長を見積もることができる種である。

最大はアルゼンチノサウルスで、なんと95トンと見積もられている。これは日本航空などの国内線に使われているボーイング７３７－８００の最大離陸重量（79トン）よりも重い。アルゼンチノサウルスの大腿骨は周囲長１１１・４センチで長さ２２５センチだから、ドラえもん（身長・胸囲ともに１２９・３センチ）を縦に２人（２台？）並べたのとだいたい同じ大きさである。ただし、アルゼンチノサウルスの体重推定には注が付く。上腕骨が見つかっていないため、大腿骨の大きさに基づいて上腕骨の周囲長が見積もられているのだ。さらにその大腿骨は完模式標本（学名が付けられる元になった標本のこと）ではなく、アルゼンチノサウルスだろうと考えられる標本だ。ルーヤンゴサウルスは上腕骨が見つかっていないために体重推定ができなかったので、これは禁じ手ではあるまいか！　アルゼンチノサウルスの95トンは参考記録くらいに考えておいてもらいたい。

次いで大きなパタゴティタンは69トンと見積もられている。上腕骨と大腿骨を含め、全身の大部分が見つかっている。発掘現場からはバラバラになった骨化石が最大6個体分も確認されているため、上腕骨と大腿骨は別々の個体由来である可能性がある。

次に巨大なのはドレッドノータスの59トンである。ドレッドノータスは比較的よく骨が保存されているものの、頭部や首は見つかっていない。

50トンを超えるほど巨大な陸上動物がいたとは、にわかには信じられないことである。これほどの巨体は本当にあり得るのだろうか。陸上動物のサイズには物理的・生理学的観点からして上限があるはずである。

ちょっと古いが、ある研究によれば、50トンオーバーの恐竜はサイズの限界値に近かったようだ。普通、動物の体温は体サイズとともに高くなる。大型動物の方が、体重当たりの表面積が小さいから、熱を保持しやすいためだ。体重が1トンを超えると体温は急激に上昇し、15トンになると体温が40℃程度、55トンでは48℃程度と予測されている。高温はたんぱく質の変質を招くため、45℃以上は生物にとって限界温度だ。つまり、竜脚類はこれ以上大きくなることは難しいと考えられる。

最近の研究で、大型の竜脚類はそれほど高温じゃなかったという見積もりがある。それでも、竜脚類の体温は29～47℃と予測されている。また、竜脚類は代謝率が高かったとも言われている。これらの研究を踏まえると、アルゼンチノサウルスなどの超大型竜脚類は、やはり上限スレスレのサイズだったんじゃないかと思ってしまう。竜脚類は生物としての限界に果敢に挑んでいたのだ。

ところで図版3にはセイスモサウルスとスーパーサウルスが載っていない。かつての恐竜展の主役であるかれらこそ最大級だったはずなのに！　実は、セイスモサウルスは近年の研究でディプロドクスという恐竜とシノニムであることが分かった。つまり、別属として報告されていたが、再研究により同じ恐竜であることが分かったのだ。先に命名された方の学名が有効とされるため、「セイスモサウルス」は無効となり、図鑑から消えてしまった。さよなら、セイスモ君。君がディプロドクスに吸収されても、巨大であった事実はゆるぎないぞ。あの夏の巨大恐竜は、いまや夢の跡である。私の青春はセイスモサウルスとともに消えていった。ちなみに、元セイスモサウルスの推定体重は30・4トン。「なんだ、アルゼンチノサウルスやパタゴティタンに比べたら小さいじゃん！」と思ったアナタ、感覚が麻痺していますヨ。スーパーサウルスは上腕骨と大腿骨が見つかっていないため、体重は不明だ。

同じように、当初は史上最大級の恐竜として報告されたけれど、化石が断片的なために正確な体重が不明な種がいる。ウルトラサウロスやサウロポセイドンだ（「スーパー」とか「ウルトラ」とか、そのネーミングセンスはいかがなものかと思ってしまう）。ウルトラサウロスは後の研究でスーパーサウルスであることが判明している。サウロポセイドンは4つの首の骨しか見つかっていない。個々の骨はサイズが判明している種よりも大きい場合があり、表彰台に上り損ねた恐竜なのかもしれない。

なぜそこまで巨大化したのか

ルーヤンゴサウルスをはじめとする竜脚類は、なぜこれほどまでに巨大だったのだろう。竜脚類を見て湧き上がる疑問は二つだ。一つ目は、なぜ、これほどまでに大きくなれたのかということ。そして二つ目は、大きくなる利点はなんだったのかということだ。

二つの疑問の答えは相互に絡み合っている。まずは、どうして大きくなれたのかを考えてみよう。竜脚類の巨大化はその体に秘密がある。かれらは種数こそ多いものの、そのボディプランは一貫している。長い首に小さな頭、大きな胴である。

竜脚類の首や頭はとても軽量化されていたと考えられている。首の骨には空洞がたくさんあり、体の密度は1g／㎤よりも小さかったようだ。空洞の中に空気を貯めることで、首全体が軽くなるし、同時に呼吸効率をアップすることが可能になった。このような、空気を貯蔵できる骨のことを含気骨という。含気骨は獣脚類を含めた竜盤類恐竜に広く見られ、高い呼吸能力はその後、鳥類へと受け継がれた。

竜脚類の小さな顎には櫛のような細長い歯が並んでいて、咀嚼には適していない構造だった。ということは、食べた植物を消化するのは主に胃と腸になる。竜脚類が食べていただろう硬い裸子植物は栄養価が低かったそうだ。だから、量をかせぐ必要がある。たくさんの植物をゆっくりと消化するには大きな消化器官が必要だ。それゆえ、胴は大きくなった。

つまり、えさの食べ方（採餌方法）や咀嚼・消化能力、軽量化と呼吸能力の仕組みが、かれらの巨大化と連動していたようだ。竜脚類の採餌の仕組みは、顎と歯を発達させ、咀嚼能力を向上させたハドロサウルス類とは異なる適応をしていて、とても興味深い。

巨大であることには利点がある。大きいと、肉食恐竜はうかつに襲いかかることができないから、身を守ることにつながる。トレードマークである長い首は、他の植物食恐竜が食べられないような高い位置の木のこずえに軽々と届く。首は横方向の可動域が広く、横に振るだけで広範囲の木々をカバーできるのだ。また、体が大きいと熱の損失も小さくなり、過度の体温変化を防げる（熱慣性があるという）。「大きいことはいいことだ」は昭和の考え方だと思っていたら、中生代でも同じだったのだ。

竜脚類の一貫したボディプランは、かれらが中生代を通して成功者だったことを如実に物語っている。1億年以上も同じ形を維持してきたことは、それなりに意味があるのだろう。

ちなみに、竜脚類以外の恐竜グループでは、体重20トンはおろか、10トンを超える種もほとんど存在しない。肉食恐竜の中ではティラノサウルスが8・9トンで、全長で上回るギガノトサウルス（6・3トン）を凌ぐ体重だ。ティラノサウルスの方ががっしりした体型で、顎の強さの章（4章）でも述べるが、狩りの仕方が異なっていたと考えられる。

図版4　各恐竜グループの小型種の体重

グループ	恐竜	体重 (kg)
獣脚類	パーヴィカーサー[※,1]	0.15
獣脚類	ケラトニクス[※,1]	0.26
獣脚類	アンボプテリクス[2]	0.31
竜脚形類	パンパドロメウス[1]	8.54
ヘテロドントサウルス科	フルイタデンス[1]	0.73
ステゴサウルス類	ケントロサウルス[1]	1596.86
アンキロサウルス類	ストルティオサウルス[1]	128.20
パキケファロサウルス類	ワンナノサウルス[※,1]	3.05
ケラトプス類	プシッタコサウルス[1]	4.57
鳥脚類	モクロドン[1]	40.92

※幼体の可能性もあり得る　　出典：[1]Benson et al. (2018); [2]Wang et al. (2019)

鳥盤類恐竜の中では、シャントゥンゴサウルスというハドロサウルス類が17トンにもなった。大型ハドロサウルス類の骨は一つ一つがとても太くて威圧感がある。こんな巨大な恐竜が本当に地上を闊歩していたなんて、恐竜研究者でさえも驚いてしまう。それでも、体の大きさは竜脚類に到底かなわなかったのだ。

〝キューパの卵どろぼう〟

話を河南省地質博物館に戻そう。収蔵庫には、ルーヤンゴサウルスと打って変わって、とても小さい恐竜の骨格化石も保管されていた。赤茶色の泥岩の中に、繊細な骨がところどころ連結しながら点在している。ジュンチャンは骨を壊さないよう、恐る恐る観察していた。目が悪いジュンチャンの代わりに私が標本の写真を撮る手伝いをしていたのだが、1個1個の骨がネズミの骨のように小さくて、ピントを合わせることすら難しかった。

この化石は、アルヴァレッサウルス科という、ちょっと珍しい恐竜だった。前あしがとても小さく、機能するツメがひとつだけ付いている。逆に後ろあしはとても長い。トビウサギやトビネズミを思わせる恐竜だ。きっと機敏で俊足だったのだろう。

私はジュンチャンに許可をもらい、慎重に大腿骨の周囲長を測ってみた。そこから導き出された体重はわずか500グラム。モルモットよりも軽い恐竜だ。世界最小というほどではないが、大型竜脚類の足元で、こんな小さな恐竜がちょこまかと走っていたと想像すると、なんとも可愛らしい。

ジュンチャンはのちに、この恐竜をキューパニクスと名付けた。「キューパのカギヅメ」という意味である。「キューパ」というのは、化石が見つかったキューパ（チウパ）村にちなんでいる。キューパ村は、私がかつて卒業研究のために訪れた村であり、ジュンチャンがコツコツと研究を進めたおかげで、少しずつ当時の生態系が明らかになってきている。

この標本にはもうひとつ面白い発見があった。土砂の中に、卵殻化石が入っていたのだ。ジュンチャンは当初、これはキューパニクスの卵の破片だと考えた。しかし、これはどうみてもオヴィラプトルというオウムのような顔をした二足歩行の恐竜のなかま（オヴィラプトロサウルス類という）のものであり、種類が異なる。卒業研究でキューパ村の卵殻化石を調査した際、私はうり二つの卵殻を研究している。この標本にも、オヴィラプトロサウルス類の卵殻に特徴的な、線状やドット状の表面構造が確認できるから、同じものでまず間違いないだろう。

「なるほど、じゃあコーヘイを信じよう。でも、なんでオヴィラプトロサウルス類の卵殻とキューパニクスの骨格が一緒に見つかったんだろう」

ジュンチャンの疑問は次なるミステリーへと私たちをいざなった。卵殻の厚みはおよそ1・8ミリ。オヴィラプトロサウルス類では、殻の厚みから卵の重さを推測することができる。両者に相関関係があることを私は以前の研究で発見していた。推定される卵の重さは1140グラムである。キューパニクスの体重の倍以上もある。

このことから、やはりキューパニクスが産んだ卵ではないし、キューパニクスが孵化した卵でもないと断言できる。普通、1140グラムの卵から孵化するヒナは、500グラムよりもずっと重いからだ。

キューパニクスが見つかったのはオヴィラプトロサウルス類の卵殻化石が大量に見つかるエリアだ。ということは、キューパニクスはオヴィラプトロサウルス類の営巣地に紛れ込んでいたことになる。

「この恐竜は、オヴィラプトロサウルス類の卵を食べに来ていたんじゃない？」

ちょこまかと営巣地を走り回る恐竜が、オヴィラプトロサウルス類の親の目をかいくぐって、卵を泥棒する。短いけれど頑丈で、ツメが1本しかない前あしは、卵を割るのに適していたのかもしれない。しかし、キューパニクスは卵と一緒に土砂に埋まってしまった。私とジュンチャンは、白亜紀のある日に起こったドラマに思いを馳せた。

オヴィラプトロサウルス類という名前には「卵どろぼう」という意味が含まれている。他の恐竜の卵を襲っていたとかつて考えられていたためだ。しかし、実際はどうだろう。泥棒される側の恐竜だったのかもしれない。

白亜紀の河南省には、体重数十トンにもなる超巨大な恐竜と1キログラムに満たない超小型の恐竜、そしてその間に位置する恐竜がたくさん暮らしていた。体サイズだけを見ても、現在の陸上動物とは比べ物にならないほど多様性に富んでいる。恐竜が大成功した生き物であるということが、河南省の調査だけからでもよくわかる。

河南省地質博物館での調査はこうして終わり、私はデータを胸に抱え、帰路に就いた。ジュンチャンのおかげで安全で充実した調査を行うことができた。次はどこへ行こう。まだまだ、研究を完成させるにはデータが足りない。調べたい化石はたくさんある。ジュンチャンはこの旅行の後、すぐにまた別の調査旅行へと出かけて行ったはずである。ジュンチャンのフットワークの軽さは、いつも尊敬してしまう。データ集めは自分の脚で、コツコツと。恐竜研究の巨人が、そう言っている。

《コラム2》家でもできる！　恐竜の体重を推定しよう

２章に登場した方法を使って、四肢動物の体重推定に挑戦してみよう。必要なのは巻き尺とスマホ。巻き尺は裁縫などで使う小さくて柔らかいものが便利だ。１００円ショップで買える。

カナダ出身の恐竜研究者、ニック・キャンピオーネ博士らにより、現在の陸上四肢動物のデータを基にして、二足歩行と四足歩行の陸上脊椎動物の体重を推定する計算式（回帰式）が考案されている。二足歩行動物の場合は太ももの骨（大腿骨）の周囲長から体重を計算することができる。

$$\log BM = 2.754 \times \log C_{femur} - 0.683$$

ここで、BMは体重（グラム）、C_{femur}は大腿骨の周囲長（ミリメートル）である。$\log$は底が10の常用対数のことである。スマホには関数電卓機能があるので、対数は簡単に計算できる。対数から元の数字に変換したい場合は、10の（右辺で得られた値）乗にすると計算できる。ちょっと説明が難しいのでここで実際に計算してみよう。

我が家には適当な二足歩行恐竜の大腿骨が無かったので、長ネギを恐竜の大腿骨に見立てて計測することにした。長ネギは細いので巻き尺をうまく巻き付けられない場合がある。そんなときは短冊状に切った小さな紙をぐるっと巻き付け、その長さを測る。実際に骨で計測するときは骨の真ん中あたり、キュッと締まって一番細い部分を測るのがポイントである。長ネギの周囲長は75ミリメートルだった。これが二足歩行恐竜の大腿骨だったら、

$$\log C_{femur} = \log 75 = 1.875$$

$$\log BM = 2.754 \times \log C_{femur} - 0.683 = 2.754 \times 1.875 - 0.683 = 4.481$$

これを普通の数字に直すと、

$$10^{4.481} = 30269.134 \text{ グラム}$$

となり、体重は約30キログラムである。30キロといえば、だいたい小型肉食恐竜のコエルルス（全長２・５メートルほど）と同じくらいのサイズだ。

大根（周囲長２５７ミリメートル）も同じように計算してみると、体重約９００キログラムとなった。こちらは結構大型の恐竜である。ケラトサウルスくらいのサイズだ。

いろいろな根菜類を恐竜の大腿骨に見立てて体重を推定すると、骨の太さが実感できて面白いかもしれない。「この太さの骨だったら、○トンの恐竜になるのか！」と太古に思いを馳せられる。

四足歩行の動物では、腕の骨（上腕骨）と大腿骨の周囲長を計測する。以下の回帰式に値を代入しよう。

$$logBM = 2.749 \times logC_{humerus + femur} - 1.104$$

$C_{humerus + femur}$は上腕骨の周囲長と大腿骨の周囲長を足した値（ミリメートル）である。

最後に、体重推定法には誤差があることを付け加えておこう。種によっては正確に予測できず、値が実際からは大きく外れる場合がある。特に恐竜類は現在の動物を超える巨体だから、誤差も大きくなりやすい。誤差はあり得る、ということを常に心得ておいていただきたい。

3章　一番足が速い恐竜は？

初めての恐竜化石調査

乾いた風と草のにおい。地層が織りなす縞模様とその間をぬって流れる静かな川。私が本格的な恐竜化石調査に初めて参加したのは、カナダ・カルガリー大学で修士課程を始める前年、２００９年のことだった。調査のきっかけをくれたのは、恐竜博物館として有名なロイヤル・ティレル古生物博物館のフランソワ・テリエン博士だ。

その当時、私はまだカルガリー大学の英語研修プログラムを終えたばかりで、正規の大学院生ではなかったが、同大学の恐竜学者、ダーラ・ザレニツキー博士の研究室に出入りしていて、卵殻化石の研究をさせてもらっていた。フランソワはダーラの共同研究者として大学にもしょっちゅう来ていたので、その流れで私も親しくなり、しばしばカルガリーから博物館のあるドラムヘラーまで車に乗っけてもらっていた。フランソワは

ロイヤル・ティレル古生物博物館には貴重な恐竜化石がたくさん

温和で冗談が好きな研究者なので、退屈なはずの草原地帯のドライブはあっという間だった。もっとも、フランソワが車を飛ばしすぎたという見方もあるかもしれない。

初めてティレル博物館を訪れたときのことは鮮明に覚えている。ティレル博物館の研究者とその研究を紹介する企画展をやっていた。博物館が誇る研究者たちのセピア調のポートレイト写真が天井から吊り下げられ、各ブースにその研究者を代表する標本が展示されていた。フランソワのブースには、いろいろな肉食恐竜の顎の化石が並べてあった。フランソワは地層の分析から恐竜の運動機能の分析まで、何でも研究するマルチプレイヤーだったが、最近は肉食恐竜の噛む力を研究していたから、それを分かりやすく紹介した展示だった。印象的だったのは、ポートレイト写真に添えられた彼の言葉だ。

〝過去のすべてを知ることは不可能かもしれないが、小さなかけらを集めればやがて大きな絵が完成するだろう〟

フランソワはたびたび「過去を知るには大きな絵（ビッグ・ピクチャー）を描かなくてはならない」と言っていた。その言葉には研究者のチャレンジ精神が端的に詰め込まれていて、今も私の心に大切に刻まれている。オシャレすぎる展示に魅了され、研究者とはなんてイカした職業だろうと実感したものだ。いつか私も、大きな絵を描きたい、そう思った。

そんなフランソワが、夏休みに特にやることがないと言う私を、アルバータ州南部のミルクリバー・ナチュラル・エリアという自然保護区での野外調査に誘ってくれた。博物館スタッフやカルガリー大学の院生たちに交じり、2週間のテント生活を行うことになった。それまでアルバータ州で地層の調査をしたことはあったけれど、恐竜化石採集を目的とする調査は初めてだった。恐竜化石を発見できるかもしれないという期待と、フランソワに何か貢献したいという期待が入り交じり、寝不足で調査日を迎えた。

ミルクリバー地域は目と鼻の先にアメリカ国境があり、その名の通りミルクリバーと

ミルクリバー・ナチュラル・エリアで白亜紀後期の恐竜を探す

いう穏やかな川が流れていた。牛乳カラーの濁った水という予想は外れ、意外にもキラキラと輝く青くて美しい川だった（後日、雨のあとはコーヒー牛乳カラーになることを知った）。ミルクリバー周辺では、ちょうど白亜紀後期の陸上で堆積した地層が露出している。草木がほとんどなく、いわゆるバッドランドという岩石むき出しの大地が広がっている。恐竜化石を探すには最適な条件が整っているわけだ。

私たちはミルクリバーを見下ろすことができる高台の草原地帯にテントを張り、毎日崖を下ってバッドランドへ化石を探しに出かけた。白くてなめらかな砂岩層を歩き、もろくてポップコーンのような表面の泥岩層を下る。ところどころでアイロンストーンと呼ばれる赤茶色で鉄分を多く含む硬い岩石が崩れて散らばっていた。アイロンストーンの砂利は滑りやすいから要注意だ。土壌生物が生み出したパイプ状の巣穴化石や当時の川の流れが生み出したミルフィーユのような堆積模様に気を取られていると転んでしまう。

良い恐竜化石を見つけることは思った以上に難しく、そう簡単には発見できない。骨の破片はたまに落ちているが、採集に値するほどの価値はない。種類が特定できるくらいある程度まとまった骨格化石を見つけなくてはならない。他のメンバーがハドロサウルス類の頭の化石を見つけたり、カメの全身骨格を見つけたりして、私は悔しくてたまらなかった。

同じ場所を歩いているのに、なぜ彼らは化石を見つけることができるのだろうか。化石探しの難しさを痛感した。良質の恐竜化石を見つけるには、経験と知識と勘が必要なのだ。私はほとんど調査に貢献できていないことを歯がゆく思った。

「これは何だと思う？」

ある日、誰だったかは忘れてしまったが、誰かがアルバータ州では珍しい化石を見つけた。早速、現場へ急行する。

「ほら、コーヘイ、これは何だと思う?」

フランソワが示してくれたそれは、白くて平らな砂岩層の上にあった。60センチくらいあって、座布団のような赤茶色の塊なのだが、壊れかけていて輪郭がはっきりしない。骨ではない。卵化石でもない。一見すると、アイロンストーンが作り出した堆積構造のようでもあるし、ウンコ化石っぽい。色、形、大きさ、恐竜のウンコにしか見えない。ウンコだ。私の脳内がウンコ色に染まりかけたその時、

「これは足跡化石さ」

フランソワが答えを言った。なーんだ、ウンコじゃなかったのか。

普通、足跡化石と言えば、泥や砂の中に押し付けた足型のくぼみを想像してしまう。しかし、ここではクッキーのように型抜きした足跡が平らな地面の上に載っていた。周囲の土砂が風化して消えてしまっても、足跡だけは硬く残ったのだろう。

フランソワに言われてもう一度見直すと、確かに3本の指を確認できた。徐々に目が慣れてきて、間違いなく足跡（足印ともいう）だと分かる。指先は尖らず、丸まっている。足跡は一定の感覚で右、左、右と続いていて、歩行跡（行跡ともいう）であること

が分かった。前あしの足跡が無いことから、二足で歩いていたようだ。私は足跡化石と並んで歩いてみた。7500万年前に恐竜が歩いた大地を今、こうして歩いていると、一歩ずつ過去へタイムトラベルしていくようである。

野外で恐竜の足跡化石を見たことが無かったので、足の大きさに驚いたし、何よりもその一歩の大きさにも驚いた。160センチほどある。人間の一歩は50センチくらいだから、人間よりも脚の長い恐竜だったのか、あるいは素早く歩いたから間隔が広がったのか。

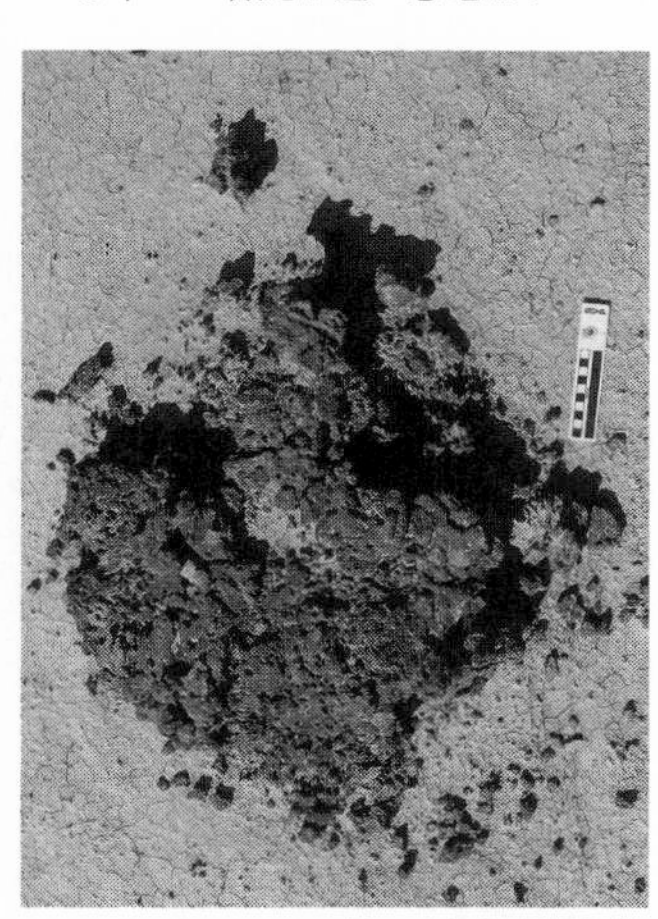

ミルクリバーで見つけた足跡化石。風化が激しいが、3本の指の跡を確認できる

この足跡からどんなことが読み取れるだろう。そのひとつひとつは小さなパズルのピースに過ぎないが、何かもっと大きな絵を描けるかもしれない。フランソワを筆頭に、足跡化石研究が始まった。

足跡を付けた〝犯人〟を捜せ！

ある点において、足跡化石は卵化石と似ている。それは、どの恐竜が残したものかはっきりと分からないという点だ。持ち主が分からないから、状況証拠で推測することになる。卵化石の場合は、抱卵中や卵を身ごもった親の骨格化石、あるいは孵化前の赤ちゃん（胚）の骨格化石の発見などで、卵と親の恐竜を紐づけることができる。ひとたび対応関係が判明すれば、卵殻化石だけが見つかった場合でも、ある程度、卵殻の構造の分析によって親のグループを絞ることができる。

そういう意味では、足跡化石の方がより難易度が高いかもしれない。何しろ、足跡を付けた先で野垂れ死んでいる恐竜化石はまだ見つかっていないから、直接的な対応関係というものは存在しないのだ。足跡の形状やその地層から見つかる恐竜の種類なども参考にして、足跡の持ち主（印足動物ともいう）を推測することになる。例えば、アメリカ・モンタナ州から見つかった長さ72センチメートルの巨大な3本指の足跡化石は、ティラノサウルスが付けたと考えられている。その地層から見つかる大型肉食恐竜はティラノサウルスしかいないからだ。このような推測は、探偵が殺人現場で行う犯人捜しに似ている。ガラスの靴を拾った王子さまもそうやってシンデレラを見つけ出した。

さて、ミルクリバーで私たちが釘付けになった足跡化石は、3本指で指先が丸くなっていた。鋭い爪を持つ肉食恐竜ではなく、植物食恐竜の指の特徴と合致する。残された足跡は全て後ろあしであり、二本足で移動していた。白亜紀後期にアルバータを跋扈していた植物食恐竜には、アンキロサウルス類、ケラトプス類、パキケファロサウルス類、ハドロサウルス類、その他、小型で二足歩行のテスケロサウルスなどや、肉食恐竜のグループから二次的に植物食に進化したオルニトミムスのなかま（オルニトミモサウルス類という）が含まれる。

これらの恐竜の骨格はティレル博物館で観察することができる。後日、私はティレル博物館のアルバータ州の恐竜を展示するフロアをゆっくりと歩いた。アンキロサウルス類とケラトプス類は主に四足歩行だし、指の数が異なるので除外できた。アルバータ州で見つかるパキケファロサウルス類、テスケロサウルス類、オルニトミモサウルス類は小型で、60センチの足跡はかれらにしては大きすぎるし、太すぎる。サザエさんの髪形のようなボリューム感のあるシルエットだから、太くて短い指を持つ恐竜のはずだ。全てに合致する恐竜は、ハドロサウルス類だけだった。事実、これとそっくりな足跡化石が世界中から見つかっており、ハドロサウルス類を含む鳥脚類の足跡化石であると分かっている。ちなみに、実際に論文にするときは既に見つかっている足跡化石と詳細に比較し、慎重に分類する。なお、ハドロサウルス類は四足歩行で歩く場合もあるので、常に二足歩行というわけではない。

厳密に足跡をつけた種が特定できないので、足跡化石には独自の学名が付けられることがある。卵化石の分類と同じで、骨化石とは区別して分類される。つまり、全て同一の恐竜によるものであっても、骨格と卵と足跡にそれぞれ違う学名が付けられる場合があり得るのだ。

例えば、最近、中国四川省で見つかった肉食恐竜の足跡化石はエウブロンテス・ノビタイと命名された。これまで知られているすべての足跡化石と特徴が異なるため、新種とされたのだ。「ノビタイ」というのは『ドラえもん』に登場するのび太くんのことである。新種恐竜に自分の名前を付けたいと夢見ていたのび太くんに、中国の足跡化石研究者がその夢を叶えてあげたのだ。粋な計らいだ。でも、どうせなら新種の骨格化石に命名した方が良かったのではないかと思うのは無粋だろうか。足跡は恐竜そのものを表すわけではないからね。

ちなみに、足跡化石のように、過去の生物の活動の痕跡が地層中に残されたものを生(せい)

四川省で発見され、エウブロンテス・ノビタイと名付けられた獣脚類の足跡。保存状態の良さが見て取れる

痕化石と呼ぶ。巣穴や恐竜のお腹の中で消化を助ける石、胃石なども生痕化石の一種だ。

ミルクリバーの足跡化石はアンブリダクティラスという学名の足跡化石に似ていたが、風化による損傷が大きくて、今回は学名を付けるのはやめておいた。その一方で、足跡にはほかにも重要な情報が含まれていた。例えば、その大きさだ。足跡の大きさから、恐竜のだいたいの大きさを推測できる。靴のサイズが大きいほど大柄な人物であることと同じ理屈である。足跡をつけた恐竜像をより正確に思い描くため、私たちは現場検証を始めた。

「腰の高さ」が計算できる

ここで、足跡から恐竜の大きさを推定する方法を紹介しよう。足跡の長さから恐竜の腰の高さを推定する便利な方法が提案されている。大型の鳥脚類では、足跡の長さの4〜5・9倍が腰までの高さになるという推定だ。この方法に全く異論がないわけではないし、他にも推定方法はあるが、ここでは深入りせずにこのシンプルな方法を受け入れよう。

ミルクリバーのハドロサウルス類の足跡化石には、保存状態が比較的良好でサイズの計測が可能なものが３つあった。平均すると長さがおおよそ58センチメートルだった。つまり、腰の高さは 58 × 4 ～ 5.9 = 232 ～ 342.2 センチメートルということになる。３・４メートルというのは、日本人の平均的な男性２人分の高さに等しく、ちょっと大きすぎる気がする。たとえ２・３メートルだったにせよ、かなり大きな恐竜であることに違いはない。

アルバータ州南部では、同じ時代の地層からコリトサウルス、ランベオサウルス、パラサウロロフス、グリポサウルス、プロサウロロフスなどのハドロサウルス類が発見されている。いずれも全長10メートル前後の大型種だ。かれらのうちのどれかが付けた足跡の可能性は十分ある。これらの恐竜では、腰までの高さがきちんと測られていて、どの恐竜でも、腰までの高さがちょうど２・３メートル前後になっている。ミルクリバーのハドロサウルス類と同じくらいだ。このサイズの場合、立ち上がったときの頭の高さは最大で5メートルほどになる。あなたが２階のベランダに立ったとき、地面から立ち上がったハドロサウルス類とちょうど目が合う高さである。足跡化石から、恐竜の実像がついに浮かび上がった。

足の速さを推定せよ

足跡が点々と西の方向へ付けられているところを見ると、この恐竜は一直線にどこかに向かっていたようだ。ゆっくりと散歩していたのか、天敵に追われて急いでいたのか。足跡の間隔は比較的一定で、約160センチメートル。右足から次の右足（あるいは左足から次の左足）までの距離を歩幅（正確には「複歩長」）というが、歩幅は260〜270センチメートルほどあった。

一連の歩行跡から少し離れたところにも一つだけ足跡が見つかったが、進行方向からはややずれていた。その間には足跡が残されていなかったため、同じ恐竜が進行方向を変えて歩いた形跡なのか、この足跡だけ別の個体が付けたものなのかは判然としなかった。

ここで疑問が思い浮かぶ。この恐竜は歩いていたのだろうか、走っていたのだろうか。足の速さはどれくらいだったのだろうか。

足跡から恐竜の移動速度を推定する方法は、50年近く前に考案され、現在でもそれが使われている。後の論文によって若干改良されている場合があるものの、基本的な論理は変わっていない。

足跡化石を用いた移動速度の推定として、有名な研究がある。「恐竜の力学」を専門とするR・M・アレクサンダー博士の研究だ。詳しい説明は省くが、彼は「無次元速度」という、サイズの異なる動物間でも適用できる速度概念を用いて移動速度の推定を試みた。彼の計算式に従えば、移動速度を推定するのに必要なパラメータは腰までの高さと歩幅の二つ。腰までの高さは足跡の長さから推定できるから、要は足跡の長さと歩幅さえあれば計算できる。つまり、右側か左側、同じ側の足跡が二つあればなんとかなる。

例によって計算式はここでは省略し、本章末の《コラム3》に示すが、計算の結果、平均すると秒速およそ1メートル、時速にして約3・4キロとなった。おもしろいのは、歩幅はわずかながら徐々に広がっていき、最後に若干小さくなっていることだ。これは、だんだん加速していき、最後ちょっとだけ減速することを意味する。どうしてこのような動きをしたのかは分からないが、白亜紀のある日、10メートルにもなる恐竜が、今私が立っている場所を悠然と進んでいたことを想像すると、何とも嬉しくなる。

ところで、人間が時速5キロで進んでいると、それは歩いているとみなされるけれども、小さなネズミが同じく時速5キロでちょこまか進んでいたら、それは走っていると捉えられるかもしれない。同じ速度でも、歩いているか走っているかは体の大きさ（脚の長さ）によって異なる。ならば、10メートル級のハドロサウルス類にとって、時速3・4キロは歩行だったのだろうか、それとも走行だったのだろうか。

相対歩幅を使った便利な判定基準がある。相対歩幅とは、歩幅を腰までの高さで割った値のことで、いろいろな大きさの動物たちの歩幅を比較するときに使われる。あるいは、同じ個体でも歩いているときと走っているときで歩幅は変わるから、歩行と走行を区別する指標になる。アレクサンダー博士による哺乳類の研究で、早足や走行しているときの相対歩幅は2以上になると見積もられている。ミルクリバーの足跡化石では相対歩幅は1以下だった。つまり、この恐竜はゆっくりと歩いていたということになる。

時速40キロで走っていた獣脚類

ミルクリバーの足跡化石から分かることは、大型のハドロサウルス類が西へ向かって時速3・4キロでゆっくり歩いていたということだ。この速度を、他の恐竜と比べたらどうだろう。ハドロサウルス類は足が速い恐竜と言えるのか、ゆっくりした恐竜だったのか。足跡化石を使えば簡単に移動速度が分かるから、今度はいろいろな恐竜の足の速さと比較してみよう。

……と思ったものの、過去の論文を調べてみると、走っていると考えられる足跡は少ない。いろいろな研究で足跡から移動速度を計算しているが、ゆっくりと歩いている足跡が多い。その多くが時速10キロ以下だ。そもそも足跡化石は当時ぬかるんだ場所に付けられたものがほとんどだから、これは当然の結果かもしれない。速く走ろうにも走れない。

ただし、中には時速40キロ前後と推測される獣脚類の行跡もあり、かなり速い。ウサイン・ボルト選手の最高時速が34・5キロ（100メートル走の記録）なので、人類最速とほぼ同じ速さである。単純に速度だけ比較した場合、ある種の獣脚類恐竜に追いかけられたら、多くの人は勝てないということだ。ご愁傷様です。

この足の速い獣脚類恐竜は、足跡の長さが28〜38センチメートルで、腰までの高さが2メートル弱と見積もられる。比較的小型の恐竜だ。脚の長さや体の大きさを考えると、時速40キロ前後はかれらのトップスピードに近いのではないかと考えられる。

足跡化石に基づく移動速度の推定は便利で簡単だけれども、恐竜の最高速度を知るには物足りない。足跡化石から読み取れることは、多くの恐竜は歩いていたということだ。

全速力で走った形跡はほとんどないから、最高速度を見積もるには、足跡化石ではいささか過小評価している。

一昔前の研究の中には、相対歩幅にいくつか仮定を加えて、いろいろな恐竜の最高速度を推測しているものもある。その研究によれば、オルニトミムスなどのダチョウに似たオルニトミモサウルス類は最高時速が60キロ近くなる、あるいはそれ以上と推測されるという。正直言って、現代の研究のクオリティで言えば、かなり荒っぽい推測である。しかし、このような推定値が独り歩き（独り走り？）して、図鑑や一般書には、オルニトミムスの最高速度が書かれている。

オルニトミムスなどの小型で脚の長い二足歩行型の恐竜が最速だったとする予想は、おそらく間違っていないだろう。かれらは体の割に後肢が長いし、身軽な形態をしている。大きすぎず、小さすぎず、最高速度をたたき出すのにちょうど良いサイズである。恐竜界最速のグループはオルニトミモサウルス類の可能性が高い。しかし、足跡化石に仮定を盛り込んで、具体的な最高速度を予想することは、いささかはばかられる。最高時速60キロというのは、参考程度に受け止めてもらうのがちょうど良いと思う。

ところで、小型のオルニトミモサウルス類は体の割に後肢が長くて、身軽な形態だと前述した。脚のプロポーションが走行に適している恐竜を見つけることができたなら、走るのが得意な恐竜が判明しそうだ。同じことを考えて、後肢のプロポーションを比較した研究がある。

ひざから下が長いほど

スコット・パーソンズ博士とフィル・カリー博士は、いろいろな肉食恐竜の後肢、特にひざから下の長さを比較した。ひざから下の部分が相対的に長い恐竜ほど、走行に適していると考えられる。興味深いことに、進化の最初期の肉食恐竜はそれほど走行に適した体つきをしておらず、一方でティラノサウルス類やコンプソグナトゥス科、ドロマエオサウルス科、そしてトロオドン科などが走行に適した体つきであるとされた。

ティラノサウルス類が走行に適したプロポーションと判定されたのは意外である。この後詳しく述べるが、ティラノサウルスは速く走れなかったとする研究があるためだ。細身の種ならまだしも、重量級のティラノサウルスまでもが、ひざから下の部分が相対的に長いという。これはどういうことだろうか。

ティラノサウルス類は、すねの下にある3本の束になった骨（これを中足骨という）

が特殊な形をしている。真ん中の骨の上半分が、両側の骨に押しつぶされたようになっているのだ。この形態をアークトメタターサルと言って、足の安定性を高めたり、ねじれなどの脚にかかる負荷を軽減したり、体のわりに俊敏に動いたりするのに役立つと言われている。ティラノサウルス類では、アークトメタターサルを持つためにひざから下が長くなっている可能性がある。

実はこの構造、俊足と言われるオルニトミモサウルス類やトロオドン科などにも見られる。走行型の恐竜と巨大な恐竜ではともに脚に強い負荷がかかりやすいため、足の構造が似てしまっているのかもしれない。ティラノサウルスの結果を考えると、後肢のプロポーションだけで、走行型か否かを判断してしまうのは注意がいりそうだ。恐竜の足の速さを推定することがいかに難しいか、よくわかる。

常に主人公キャラのあいつ

だんだん足跡化石の話題からそれてきていて申し訳ないが、余談だと思ってもう少しお付き合い願いたい。恐竜の足の速さは、多くの研究者が関心を持っているようで、足跡化石以外のアプローチも数多く存在する。この節では、最近の研究を少しだけ紹介したい。退屈であれば、ここは飛ばしてもらっても結構です。

主人公キャラとして、「ティラノがいつもいいところを持っていく」というのは私の知人の口癖だが、足の速さの研究でも、やはりティラノサウルスは詳しく調べられている。史上最大級の二足歩行動物だから、ティラノサウルスは限界に挑んでいる、だからかれらの走行能力を知ることはとても重要なのだ、というのが研究者の言い分である。

イギリスのジョン・ハッチンソン博士らは、ティラノサウルスが走るときに使う後ろあしの筋肉量を見積もり、それが速く走るのに十分だったのかを考察した。ハッチンソン博士らは手始めに、現在の動物の後ろあしの筋肉量を調べた。対象となるのは恐竜と同じく主竜類に属するワニや鳥だ。

アメリカアリゲーターを調べてみると、後ろあしの片足には、全体重の3・6％分の（走ったり歩いたりするための）筋肉が付いていることが分かった。両足で合計7・2％だ。全体重の7・2％が後ろあしの筋肉。これが多いのか少ないのかは素人にはよく分からない。

ハッチンソン博士らのモデリングによると、アリゲーターが後ろあしだけで素早く走るためには（実際にはそんなことはないけれども）、片足につき少なくとも7・7％の筋肉が必要だと見積もっている。つまり、両足で7・2%というのはかなり少ない量らしく、必要な量の半分しかない。アリゲーターは比較的ゆっくりとした動きだし、常に四足歩行なのだから、後ろあしだけで素早く走る筋肉は必要ないのだ。

一方、二足歩行のニワトリは、後ろあしの片足だけで全体重の8・8%分もの筋肉が付いている。両足で合わせて17・6%だ。後ろあしの筋肉だけで、全体重の5分の1に近い重さがある。ハッチンソン博士は、ニワトリが素早く走るには、片足につき少なくとも全体重の4・7%の筋肉があればよいと仮定しているので、これは十分な量だ。ニワトリは下半身がマッチョな動物であり、その恩恵を私たちはクリスマスの食卓で楽しむことができる。

体重の中で筋肉が占める割合は、四肢動物（両生類・爬虫類・鳥類・哺乳類といった手足を持つ脊椎動物）で50%以下だという。走るために使う後ろあしの筋肉量は体重の5～40%だそうだ。恐竜の後ろあしの筋肉量を見積もることができたら、かれらが走ることができたのか、そうでなかったのかが分かるはずだ。

そこでハッチンソン博士らは、史上最大級の二足歩行動物であるティラノサウルスの筋肉量を見積もった。コンピュータ上で骨格モデルを作り、姿勢や体重、重心の位置などを慎重に復元した。そして後ろあしをいくつかの部位に区切り、走行時（例えば時速7・2キロ）に必要な筋肉量を各部位ごとに推定した。すると驚くべき結果が得られた。ティラノサウルスは走ることができなかったのだ。

下半身異常マッチョのティラノサウルス

ティラノサウルスが時速7・2キロで走るためには、片足につき少なくとも全体重の43％もの筋肉が必要になるそうだ。両足で86％。体重のほとんどが後ろあしの筋肉になってしまう。下半身異常マッチョ恐竜である。体重には筋肉のほかに、骨や皮膚、内臓なども含まれるから、これは非現実的な見積もりである。つまり、構造上、素早く走るのは不可能だ。ただし、具体的にどれくらいの速度で移動していたのかは、この研究では分からない。もう少し複雑なモデリングが必要になる。

走れなかったのなら、普段はどれくらいの速度で歩いていたのだろうか。歩行時のしっぽのブレをモデリングして、最も無駄のない移動速度を推定した研究がある。それによれば、ティラノサウルスは時速4・6キロほど。人間が歩く速度と同じくらいだ。ティラノサウルスを手なずけられれば、一緒に散歩できる。

ティラノサウルスの最高速度は過去にいろいろな研究者が挑戦していて、速く走れたとする報告から、走れなかったとする報告までさまざまである。ハッチンソン博士は筋肉量を見積もって、素早く走れなかったと結論付けたが、別の方法で筋肉量をモデリングした研究では、時速28・8キロとしている。この値は、そこそこ速い。つまり、ちょっとした仮定の違いで結果は大きく変わるということである。20～40年ほど前の論文では時速40～72キロと、ティラノサウルスの最高速度をかなり速く見積もった研究があった。しかし、それ以降の研究では時速30キロ以下の推定が多い。

生きていくうえで、走ることはとても重要な行為である。まず、食料や水を探すときに有利だ。短時間で広いエリアをカバーすることができる。肉食動物なら、走って獲物を捕まえられる。逆に、敵に狙われた動物は走って逃げられる。武器を持っていない動物や、相手を威圧するくらい大きな体を持っていない動物たちにとって、走ることは身を守る手段だ。

走るという行為は、速さだけを求めれば良いものでもない。動物には短距離ランナーと長距離ランナーが存在する。走行に適した動物というのは、瞬発的に高速になれる動物だろうか、それとも、ゆっくりでもずっと走っていられる動物だろうか。走行能力というのは、簡単に比較できないのである。そしてそれらを、化石から推定することは、とても難しいことなのである。

7500万年前のある日

ミルクリバーの足跡化石は、ハドロサウルス類がゆっくり歩いていた様子を記録していた。ぬかるんだ場所だったために、慎重に足を運んでいたのかもしれない。アルバータ州では、実は足跡化石はとても珍しい。しかし、なぜかこの場所では綺麗に保存されていた。くぼみではなく、型取りしたクッキーのような足跡が地面に残されていた。一体どのようにして、これらの足跡化石はできたのだろう。本当にぬかるみを歩いていたのだろうか。足跡化石にまつわる、最後の疑問だ。

私たちは、周辺の岩石や足跡化石の成分、つまり、足跡を形成する岩石を詳しく調べることにした。すると、ここ一帯の赤茶色の岩石の断面には、グニャグニャ曲がった細かい縞模様があり、当時柔らかい泥だったことが分かった。やはり、足跡は水はけの悪いドロドロのぬかるみを歩いたときに付けられたようだ。

足跡自体は、カルシウムやマグネシウムを多く含む炭酸塩岩、カルサイトやドロマイトと呼ばれる種類の岩石だった。足跡のくぼみに、ミネラルを含んだ泥水がゆっくりと沈殿してできたようだ。沈殿の際にとても微細な結晶が発達したために、足跡だけが硬くなり、風化に耐えて足跡だけが残されたようだった。

7500万年前のある日、1頭のハドロサウルス類がたっぷりと水を含んだ泥の上をゆっくりと歩いていた光景を思い浮かべることができる。私たちが見つけたものはたかが足跡化石にすぎないが、これを通して、白亜紀の世界を垣間見ることができるのだ。

このような足跡ができあがる環境はそれほど珍しいわけではない。もしかしたら、私たちが気付いていないだけで、実は足跡化石はそれなりに地層中に残されているのかもしれない。赤茶色の岩石なんて、バッドランドにいくらでも落ちているし、骨化石じゃないから誰も気にかけていない。でも、そのいくつかが、本当に足跡化石だったとしたら？

フランソワとミルクリバーで野外調査をした夏から2年後、私はカルガリー大学の大学院生になっていた。今度は、フランソワがアルバータ州南部のダイナソー州立公園に連れて行ってくれた。ここには何度か来たことがあった。恐竜の骨格化石がたくさん見つかっていて、世界遺産に登録されているバッドランドだ。ちなみに、骨化石はたくさん落ちているが、足跡化石は稀だ。

フランソワは私に何かを見せたいと思っているようだった。ピラミッドのように急な斜面の地層を上り下りしてずんずん進んでいく。秋の冷たくて乾いた風がウィンドブレーカーを震わせる中、私は必死にフランソワの背中を追いかけた。突然フランソワが立ち止まり、目の前の崖を指さした。

「実はここにも、足跡化石があるんだ」

地層の断面の中に、座布団のような塊が埋まっている。まるでショートケーキの断面に、イチゴを見ているかのようだ。ミルクリバーと同じタイプの足跡化石だ。足跡はひとつではなく、同じ地層の中に点々と続いていた。これも連続歩行跡の可能性がある。前回よりも少しだけ早く、足跡を見分けることができた。以前よりも目が肥えてきた証拠かもしれない。自分にとっては大きな一歩だ。

過去を知るには、大きな絵が必要である。そのためには、小さなかけらをたくさん集めなくてはならない。足跡も、そのかけらのひとつだ。すじ雲がたなびく秋空の下、私たちは恐竜たちの世界を垣間見るため、早速調査に取り掛かった。

《コラム3》公園でできる！　足の速さを推定しよう

　雨上がりの公園やグラウンドを散歩していると、誰かの足跡が残っているときがある。足跡を見れば、そのサイズからどれくらいの大きさの人物だったか推測できるし、歩いていたのか、走っていたのか、どこに向かっていたのかまで教えてくれる。足跡はその主の行動を雄弁に物語っているのだ。探偵が足跡を追跡する理由もよくわかる。

　ここでは、足跡を基に移動速度の計算に挑戦してみよう。必要なものはメジャーとスマホだ。図版5のように、足跡の長さと歩幅（足跡と足跡の距離のことで、正確には複歩長という）を測ろう。歩幅は、右足か左足のどちらか一方、つまり、右足から次の右足までの距離、あるいは左足から次の左足までの距離である。足跡の長さを4〜5・9倍すると腰の高さになるが、その倍率は小型種と大型種で使い分けると良い。足跡の長さが25センチメートル未満の場合、二足歩行の鳥脚類では4・8倍、獣脚類では4・5倍する。足跡の長さが25センチ以上の大型種の場合、鳥脚類では5・9倍、獣脚類では4・9倍する。腰までの高さが分かったら、アレクサンダー博士が考案した以下の式に値を代入しよう。

$$V = 0.25 \times g^{0.5} \times \lambda^{1.67} \times h^{-1.17}$$

図版５　恐竜の行跡の計測

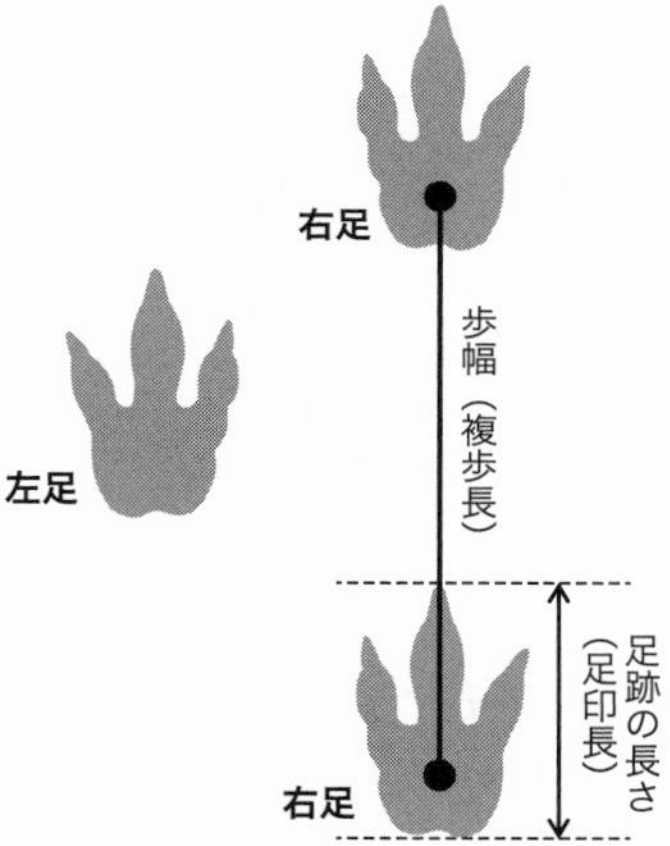

右足
歩幅（複歩長）
左足
足跡の長さ（足印長）
右足

ここで、Vは移動速度（m/s）、gは重力加速度（約９・８m/s²）、λは歩幅（メートル）、そしてhは腰までの高さ（メートル）である。これに基づいて3章のハドロサウルス類の足跡は以下のように計算された。

$$V = 0.25 \times 9.8^{0.5} \times 2.65^{1.67} \times 3.42^{-1.17} \fallingdotseq 0.95\,(m/s) \fallingdotseq 3.4\,(km/h)$$

この式はヒトでも使えるだろうか。灼熱地獄の２０２３年8月某日、私は学生を連れて大学の農場の端っこでかけっこを始めた。猛烈な夕立があがった後のモワッとした空気の中、学生が全速力（?）で10メートルを走ってくれる。そのタイムをストップウォッチで計測すると、2・75秒だった。つまり、秒速3・64メートルである。湿った土に残された足跡から先の式を使って速度を計算したら、この値と一致するだろうか。試してみよう。学生は靴を履いていたので、「足跡の長さ＝靴の長さ」と仮定し、28センチとした。腰までの高さは、鳥脚類の「5・9倍」という値を用いて、28×5・9＝165・2センチとしよう。ちなみに、腰の高さが靴の長さの5・9倍になるのはヒトではまずありえないことである。現に、165・2センチは学生の身長を超えてしまっている。一旦、ここではそういうツッコミをおいておき、学生を鳥脚類として扱おう。歩幅は平均して2・74メートルだった。先の式に代入すると、

$$V = 0.25 \times 9.8^{0.5} \times 2.74^{1.67} \times 1.652^{-1.17} \cong 2.34\ (m/s)$$

となった。ストップウォッチを使った実測値と近いような、遠いような、絶妙な値である。念のため、学生の腰の高さの実測値（90センチ）を使ってみたところ、結果は秒

速4・77メートルとなった。この後も何度か学生に走ってもらったが、近からず遠からず、何とも言い難い結果が続いた。熱中症になるといけないのでこの辺にしておこう。

先の計算式は、ヒトでは速度をズバリ言い当てられていないように思える。しかしながら、いろいろな動物で使える便利な式だし、極端にずれているわけでもないから、それほど悪くはないだろう。恐竜の体重推定の式も、卵の重さ推定の式も、だいたいそんな感じの誤差が付きまとう。皆さんも、公園やグラウンドや砂浜でかけっこして、走る速度を計算してみよう。

4章　噛む力が一番強い恐竜は？

「空白期間」の謎を追ってゴビ砂漠へ

２０２２年９月、いよいよモンゴルへ野外調査に出かけることになった。新型コロナウイルスが蔓延して以来、３年ぶりの海外だ。北海道大学の小林快次先生がゴビ砂漠で長年野外調査を続けており、私も参加させてもらえることになったのだ。今回、私がモンゴルへ行く理由は二つ。一つは恐竜の繁殖を調べるため。

ゴビ砂漠は１９２０年代に最初の卵化石が見つかって以来、恐竜の卵化石の聖地として知られている。１００年経った今でも新発見が続いており、恐竜の繁殖行動を解明するには欠かせない地域なのだ。

そしてもう一つの理由が、肉食恐竜の進化を研究するためだ。１章では、ひょんなことからウズベキスタンでの研究が始まったことを紹介した。大型肉食恐竜のウルグベグサウルスが見つかったため、白亜紀の肉食恐竜がどのように進化していったのかに興味が湧いた。９０００万年前のウズベキスタンには、大型肉食恐竜ウルグベグサウルスと、中型のドロマエオサウルス科、そして原始的なティラノサウルス類である小型のティムレンギアがいた。その当時、ティラノサウルスの祖先はまだ大型化しておらず、比較的弱い立場にあった。一体いつ、どのようにして王者に上り詰めたのか。ティラノサウルスの進化の歴史は、群雄割拠の戦国時代さながらのドラマがあったはずだ。

しかし、ティラノサウルスの祖先が王者に上り詰める期間の化石は世界的に乏しい。原始的ななかまと進化的ななかまの間には、空白期間が存在する。この間の化石はほとんど見つかっていない。奇跡的に発見されているのが、ウズベキスタンのティムレンギアである。しかし、ティムレンギアはわずかに空白を埋めたに過ぎず、依然として何百万年もの空白が横たわっている。この空白期間を埋めるべく、私は小林先生とともに、ユーラシア大陸で調査を続けているのだ。

恐竜の地政学上、モンゴルは重要な位置にある。９０００万年前、ウズベキスタンなどの中央アジアは当時のユーラシア大陸の西端にあった。ヨーロッパはいくつかの島として点在しており、中央アジアが大陸の縁辺だったのである。一方、モンゴルは同じ大陸の東端にあった。地理的には真逆の方角にあたるのだ。加えて、モンゴルは北米からやってくる恐竜たちの玄関口でもある。白亜紀はベーリング海が地続きになった時期があり、北米とアジアの恐竜が行き来するタイミングがあった。そのため、時として北米の恐竜とモンゴルの恐竜はよく似ている。このような複雑な地形的な理由から、モンゴルは恐竜たちの放散や大陸分布を考える上で重要な地域なのだ。

今回、私たちが調査したモンゴル南東部のエリアには約９０００万年前の地層、バインシレ層が広がっている。ウズベキスタンの地層とほぼ同じ時代である。約９０００万年前の当時、西には小型のティラノサウルスの祖先、ティムレンギアをはじめとして、様々な恐竜が生息していたが、東のモンゴルはどうだったのだろうか。恐竜の種類に違いはあったのだろうか。やはり、小型のティラノサウルス類がいたのだろうか。

このような疑問を携えて、私はモンゴルへ向かった。果たして、ティラノサウルス類の痕跡は見つかるだろうか。久しぶりの野外調査に胸が高まった。

カメラクルー、近づいてこないで……

首都ウランバートルから39時間かけて到着した最初の調査地、アーリベクダグは見渡す限り黄土色の平地が広がっていた。ひざくらいまでしかない乾いた植物が点々と生えており、砂漠というよりも、枯れた草原地帯といった方が近いかもしれない。モサモサのドライフラワーのような植物が風に吹かれて視界を横切っていく。まるで西部劇の世界だ。

私たちはここに数日間滞在し、各々が歩いて恐竜化石を探すことになっていた。調査初日の午前中、私は小林先生や兄弟子である兵庫県立人と自然の博物館の久保田克博(かつひろ)先生と一緒に、西の方へ化石を探しに行った。今回の調査では、NHKのカメラクルーも来ていて、小林先生の跡を追いかけていた。当然ながら、私の進む方角にはカメラマンもいる。番組で調査の様子を取り上げてくれるのは有難いことだが、謎のプレッシャーを感じる。

昼前、1人で化石を探していると、地面に白い骨の破片が散らばっていることに気が付いた。ゴビ砂漠では、骨の破片が散らばっていることはよくあることなので、それ自体は驚かない。午前中だけでも何度かこのようなスポットを通り抜けていた。現代の動物の骨も白色で散らばっていたりするので、本当に化石かどうかは近づいて観察しないといけない。破片のひとつを手に取ってみると、大きさのわりにずっしりと重く、たたくと陶器のように乾いた甲高い音がした。化石だ。

どのような化石が散らばっているのか、きちんと調べる必要がある。もしかしたら重要な化石が含まれているかもしれないからだ。どの恐竜のどの部位か特定できれば、破片の正体が判明する。

しかし、今見つけた破片はかなり細かく砕けており、その正体は分からなかった。そもそも、私は卵化石をメインに研究してきたので、骨化石の同定はめっぽう弱い。もしかしたら、他の誰かが見たら、一目で何か分かるかもしれない。頼むから、今はカメラクルーが近づいてこないでくれヨ、と願った。

付近を捜索するうちに、破片の出どころらしき地点が判明した。少し大きめの骨が、まだ地面の中に埋まっていたのだ。これは良いサインである。完全に風化して散らばったのではなく、まだ化石が地中に続いている可能性が高いからだ。私はリュックサックを下ろし、中から発掘セットを取り出した。ブラシで優しく掃きながら千枚通しやナイフを使って少しずつ骨の周りを削っていく。骨はグズグズで風化が激しく、とてももろい。接着剤をぬりながら慎重に掘り進める必要があった。やがて15センチくらいの二股に分かれた骨が出てきた。その先はまだ地中へと続いている。隣接して別の骨も出てきた。

ちょっと何か確かめるつもりで掘り始めたのに、どんどん規模が広がってきて埒（らち）があかない。時計を見ると、ちょうど昼休憩の時間帯である。ランチはベースキャンプで、みんなと一緒に取ることになっている。私だけ戻ってこなかったら、みんなが心配するだろう。手早く化石の産状（様子や見え方など）のメモを取り、一旦この場を離れることにした。午後、小林先生と久保田さんを連れてもう一度戻ってこよう。

「ファルコン・アイ」と「ローガン・アイ」

ランチを終えた午後、応援に駆け付けた小林先生と久保田さんに加え、やはりというべきか、カメラクルーも一緒にやってきた。この時点で、私はいや〜な予感がしていた。これが取るに足らない化石だったら、その瞬間がカメラにバッチリ収められてしまう。私のマヌケ顔が全国に放映されてしまうかもしれないのだ。調査初日から、私は妙な緊張感を覚えた。

とは言うものの、最初の1時間は和気あいあいと、冗談を言い合いながら、午前中に掘っていたスポットをさらに掘り進めていった。久しぶりの化石発掘はやはり楽しい。

最近、小さなものを見るのがめっぽう弱くなったという小林先生。「ファルコン・アイ（ハヤブサの目）」と呼ばれていた男が「ローガン・アイ」になるとは……。偉大な先生なのに、弟子の2人がチクリと言えるだけの隙を見せていた。3人とも、この時はまだ余裕があったのだ。

しかし、次の1時間は会話が激減し、見るからに2人のテンションが下がっていることに気が付いた。3人で掘り進めても、何の恐竜か正体が分からず、ただただグスグスの、特に重要とも思えない骨をいじくりまわしているだけなのだ。無情にも日は傾き始めた。私は2人の限りある貴重な時間を奪っている。プレッシャーと申し訳なさで胸がいっぱいになった。

実際、後から聞いたところによると、小林先生と久保田さんは、これがありきたりの価値のない骨だと認め始め、どのタイミングで発掘を切り上げるか模索していたそうである。何も知らないカメラクルーだけが、「これはどういう化石ですか？　重要なんですか？」と、今一番聞いてほしくない質問をビシバシぶつけてくる。やめてくれ。私は恥ずかしさと悔しさで穴があったら入りたいくらいだったが、手元の穴はあまりにも小さい。

「う～ん、これはですね……」

　小林先生が、発掘の手は止めずにカメラマンに状況を説明しようとした。小林先生も、言葉に詰まっている様子だった。私の心も痛む。しかし、その時、小林先生がはじいた岩の下から、キラリと光る何かが出てきたのである。一瞬、小林先生は言葉を失い、目を疑った。「俺を1人にしてくれ！」と叫んでみんなを遠ざけ、キラリと光る正体が何かを必死に確認している。

　私も久保田さんもカメラクルーも、ぽかんとして小林先生の次の一言を待った。先ほどの小林先生の声色から、それが只事ではないことだけは理解していた。徐々に私も興奮して鼓動が速くなる。一体、何を見つけたんだ、小林先生の視線の先にある化石は何なんだ？　溜めに溜めて、小林先生が次の一言を放った。

「これは、当たりかもよ」

　小林先生が掘っていた場所を覗き込むと、小さいけれども鋭い歯の化石があった。緩くカーブしており、ステーキナイフのように鋸歯と呼ばれるギザギザが付いている。まごうかたなき、肉食恐竜の歯である！　歯は顎と思われる平らな骨から生えていた。つまり、これは肉食恐竜の頭の骨である。なんと、ふたを開けてみれば大発見だったのだ！　やったー！

この日のビールがうまかったことは言うまでもない。地平線に沈みゆく陽を眺めながら、心地よい疲労感と充実感に満たされていた。小林先生は、「今回の調査の取れ高がもう得られた」と喜んでいた。本書を執筆している今は、まだこの化石について調査中だから、詳しい分類は不明だが、状況から考えて、私たちが見つけたものは比較的原始的なティラノサウルス類の可能性が高い。私がモンゴルに来た目的のひとつが、調査初日に達成されたのである。

半世紀ごとにしか見つからない

ここで正直に言おう、ゴビ砂漠のバインシレ層で原始的なティラノサウルス類の化石を見つけたのは私たちが最初ではない。今からちょうど100年前、恐竜の卵化石を見つけたことで有名なアメリカ自然史博物館のモンゴル調査隊が、ゴビ砂漠南部（今でいう中国の内モンゴル自治区）で肉食恐竜の後ろあしの骨を見つけている。この化石は後にアレクトロサウルスと名付けられた。ティラノサウルスの原始的ななかまの恐竜だ。この時、付近から別のパーツも見つかったが、後の研究で別のグループの恐竜と分類された。つまり、最初の発見は後ろあしの化石に基づいている。

それから50年後、アレクトロサウルスの別の標本が発表された。ちょうど私たちが調査を行っている地層（モンゴル側）から見つかったものだ。ここ一帯はバインシレ層という白亜紀後期（約9000万年前）の地層が広がっている。ウズベキスタンの恐竜産地と同じくらいの時代であることは既に述べた通りだ。全身骨格ではないものの、この時に見つかった化石には頭骨の一部や背骨、肩甲骨など、分類を行う上で重要な部位が含まれていた。

今回、私たちが見つけた肉食恐竜の化石は、大きさや歯の形状などの特徴から、同じアレクトロサウルスではないかと疑っている。新たな標本が見つかり、私たちは大いに沸いた。しかしながら、読者の皆さまは疑問に思うかもしれない。既に見つかっている恐竜なのに、なぜそんなにも喜ぶのか、と。実は、アレクトロサウルスは今日の今日まで、ほとんど研究が手つかずの恐竜なのだ。

１００年前と50年前の発見以降、アレクトロサウルスの研究論文は限られている。見つかっている化石は断片的だし、この50年間、新たな骨格標本は報告されていない。50年前の発見では、頭の一部など、結構重要なパーツが確認されている。それにもかかわらず、論文にはとても簡単なイラストしか載っていないし、骨の詳細が記述されていない。アレクトロサウルスは、未だベールに包まれた謎のティラノサウルス類なのだ。

これまでの研究で、アレクトロサウルスは全長が5～6メートルの中型のティラノサウルス類であることは分かっている。ウズベキスタンのティムレンギアよりも大きいことは注目に値する。当時のユーラシア大陸の西と東で、体格の違うティラノサウルスのご先祖が2種類いたというのは興味深い。この違いは何を示しているのだろう。ティラノサウルス類の初期進化に、何が起こっていたのだろう。新たに化石が見つかったことで、その謎に迫れるかもしれないのだ。

ここ数年、小林先生率いる北大チームはアレクトロサウルスがどういう恐竜だったのかを解明すべく、モンゴルで調査を続けていた。今回見つかったのは、本当にラッキーだった。初日の発見のおかげで、翌日からはモンゴル人スタッフや北大生の皆さんが手伝いに来てくれ、発掘はとんとん拍子に進んだ。すると新たな骨や歯が出てきて、私たちをさらに驚かせた。死んだあとバラバラになって埋まったのだろう。

まだ調査途中なので、本当にアレクトロサウルスなのか確証を持っているわけではないし、研究には時間を要する。成果が得られるまでにはまだしばらくかかりそうだが、もしかしたら、ティラノサウルス類の進化の空白期間に、新たな情報を追加できるかもしれない。

ティラノ最大の武器

さて、ティラノサウルスの進化を探る上で重要なのは、原始的な種を研究することだけではない。当然ながら、王者になったなかまの研究も重要である。ティラノサウルス類の中で、王者になった進化的なグループのことをティラノサウルス科という。原始的な種と進化的な種、両サイドから追いかけることで、進化の謎を解くことができるだろう。

実は、私や小林先生はカナダ人研究者と一緒に、進化した大型のティラノサウルス科の研究もひそかに続けている。最近、アルバータ州で食べた獲物が何か分かるほど保存状態の良いティラノサウルス科の骨格化石が見つかった。２０２３年９月現在、まだ研究が完成していないので、ここでは詳細をあまり語ることができないのが残念だが、ティラノサウルスの食性に迫る、面白い化石だ。

でもなぜ、ティラノサウルスは絶対王者になることができたのだろう。他の競争相手の追随を許さない、凄まじい能力を持っていたためではないか。鋭い感覚器官や骨格上の特性が指摘されているほか、忘れてはいけないのがティラノサウルスの噛む力だ。

ティラノサウルスの最大の武器といえば、やはりあの強靱な顎だろう。1・4メートルにもなる頭骨には、バナナと同じ大きさの太くて頑健な歯が並ぶ。強力な顎を進化させたからこそ、生態系の頂点に君臨できたのかもしれない。ということは、ティラノサウルス類の顎の能力を解き明かせば、ティラノサウルスが王者になれたヒミツが分かるかもしれない。

ティラノサウルスの噛む力はとても詳しく研究されている。顎の強さによって、どのような獲物を襲っていたのかや、どうやってハンティングしていたのかなどが推測できるからだ。ティラノサウルスの噛む力を推定するために、これまでにいろいろな手法が考案されている。ちょっとだけ過去の研究をのぞいてみよう。

最初に挑戦したのは、恐竜の成長様式の研究で知られるアメリカのグレッグ・エリクソン博士らである。エリクソン博士はまず、噛み跡のついたトリケラトプスの腰の骨（腸骨）に注目した。化石発掘をしていると、たまにこういう噛み跡のついた骨化石が見つかることがある。歯形がその地層から見つかる肉食恐竜と一致すれば、傷をつけた犯人を割り出すことができる。噛み跡を詳しく調べると、どんな恐竜を襲い、どんな部位を好んで食べていたか、どのように襲っていたか、共食いをしたのかなどが推測できる。

エリクソン博士が注目したトリケラトプスの骨化石は白亜紀最末期のヘルクリーク層（アメリカ・モンタナ州）から見つかったものだ。58個（！）もの噛み跡が残されており、腸骨には最大で深さ11・5ミリにもなる穴が開けられていた。生きていた時、腸骨は分厚い皮や肉に覆われていたはずだから、ものすごく強い力で噛まれたことがよくわかる。生きているうちだったとしたら、さぞや痛かっただろう。

当時、この地域に生息していた肉食恐竜グループの中で、これほど深い傷を負わせることができた恐竜はアイツしかいない。成体のティラノサウルスだ。それ以外の肉食恐竜は、ティラノサウルスよりもずっと小さく、傷のサイズが一致しないのだ。一体どれくらいの強さで噛みつけば、このような深い穴を開けることができるだろうか。

エリクソン博士は現在の牛の腸骨を使って実験してみた。油圧サーボの機械に取り付けられたティラノサウルスの歯のレプリカが、ゆっくりと牛の骨に噛みつき、穴を開ける。骨は部位によって硬さが異なるため、様々な箇所で実験を繰り返す。硬さが違うのは、骨の内部構造に違いがあるためだ。

一般に動物の骨は二層構造になっている。スポンジ状の海綿骨を包むようにして、薄い皮質骨が覆う。ディナーでスペアリブを食べるときに、骨の断面を確認してみてほしい。皮質骨は薄い層だが密度が高く、とても硬い。

トリケラトプスの腸骨で深い穴がうがたれた箇所では、皮質骨が２・５ミリの厚さだった。実験の結果、厚さ２・５ミリの皮質骨がある骨に穴を開けるには、６４１０ニュートンの力が必要だということがわかった。ティラノサウルスの場合、実際は素早く噛みついて皮や肉を貫かなくてはならず、そういう諸々の条件を考慮すると、必要な力は奥歯あたりで１万３４００ニュートンになるそうだ。

ちなみに、ニュートンというのは力の大きさを示す単位のことで、質量１キログラムの物体に１m／s^{2}の加速度を生じさせる力と定義される。ムム、なんか難しいぞ。簡単に言うと、みかん１個（約１００グラム）を手に乗せたとき、手のひらが受ける力のことだ。ヒトの噛む力はだいたい５００〜７５０ニュートンくらい。ライオンでも４２００ニュートンくらいだから、ティラノサウルスは相当強い力だということがわかる。

ただし、この方法で示された噛む力は、ティラノサウルスの最大値なのかどうかはわからない。トリケラトプスの骨に残された穴は、甘嚙みして付けたものかもしれないし、渾身の一嚙みで付けたものかもしれない。過小評価している可能性があるのだ。

エリクソン博士の論文は、嚙む力研究の第一歩として、学界に爪痕ならぬ嚙み跡を残した。エリクソン博士の研究には、このように新たな分野を切り開くパイオニア的研究がたくさんあり、その攻めの姿勢はとても参考になる。暗に、重箱の隅をつつく研究はつまらないと言っているようだ。

マルチボディダイナミクス分析

エリクソン博士の研究後、今度はコンピュータモデリングを駆使して嚙む力を推定する研究が発表された。イギリスのカール・ベーツ博士とピーター・フォーキンガム博士が行った研究で、その名も「マルチボディダイナミクス分析（多体動力学解析）」という。読者の皆さま、ここで本書を閉じないでいただきたい。私も聞いただけで頭がクラクラする名称だ。

マルチボディダイナミクス分析は工学で用いる手法である。各々動きの異なる複数の部品からなる構造体を想像してもらいたい。その構造物の運動や制御を扱う分析をマルチボディダイナミクス分析という。

博士らはレーザースキャナで種々の頭骨化石をスキャンし、立体モデルを作った。顎関節を支点にして蝶番のように顎が開閉するよう設定し、さらに顎を動かすための筋肉モデルを復元した。各筋肉の特性（断面積や縮むときの速度、単位面積当たりの力など）を専用のソフトウェアに入力し、シミュレーションを実行すれば、複数の筋肉の動きの総和として噛む力が計算される。ただし各筋肉の正確な特性は分からないから、値の入力には幅を持たせて計算された。

シミュレーションの結果、顎の後方の場合、成体のティラノサウルスの噛む力は約3万3000～5万4000ニュートンと推定された。先のエリクソン博士の実験的手法による推定値（1万3400ニュートン）よりも、2・5倍から4倍も大きい。1万3400ニュートンでトリケラトプスの腸骨に深い穴を開けることができるのだから、3万3000～5万4000ニュートンもあれば容易に骨を砕くことができただろう。

同様にして推定されたジュラ紀の代表的な肉食恐竜であるアロサウルスでは、約5100～8200ニュートンとなった。仮にアロサウルスの頭骨をティラノサウルスの頭骨と同じ大きさに拡大して見積もってみても、成体のティラノサウルスの噛む力には到底及ばないそうだ。

コンピュータモデリングによる推定で興味深い成果が得られているが、この方法は保存状態良好の頭骨化石が必要だし、筋肉量など、実測できないパラメータの仮定も必要である。分析に時間とお金もかかる。一方で、エリクソン博士の実験的手法もまた、汎用性が高い手法とは言えない。もう少し手軽に、いろいろな恐竜の噛む力を推定する方法はないだろうか。

ひとつだけ紹介しよう。アルバータ州南部のミルクリバーで一緒に足跡化石を調査したフランソワ・テリエン博士らの研究だ。私も微力ながら、研究に参加させてもらっている。この研究では、ビーム理論の原理を応用し、標本を直接計測することで顎の強度を見積もっている。ビーム理論とは、ある物体に曲げの力が加わったときの、曲げに対する強さを評価する方法だ。

私たちが着目したのは、肉食恐竜の下顎。噛む力が強い恐竜ほど、顎には強い負荷がかかる。皆さんも、硬いお煎餅を食べるとき、顎に加わる強い力を感じたことがきっとあるだろう。日頃から顎を酷使する動物は、顎が折れたり変形したりしないよう、顎を強化している。噛む力が強い恐竜ほど、顎は負荷に耐えうる強い構造になっているはず

図版6　板を寝かせた時と立てた時、どちらが曲げやすい

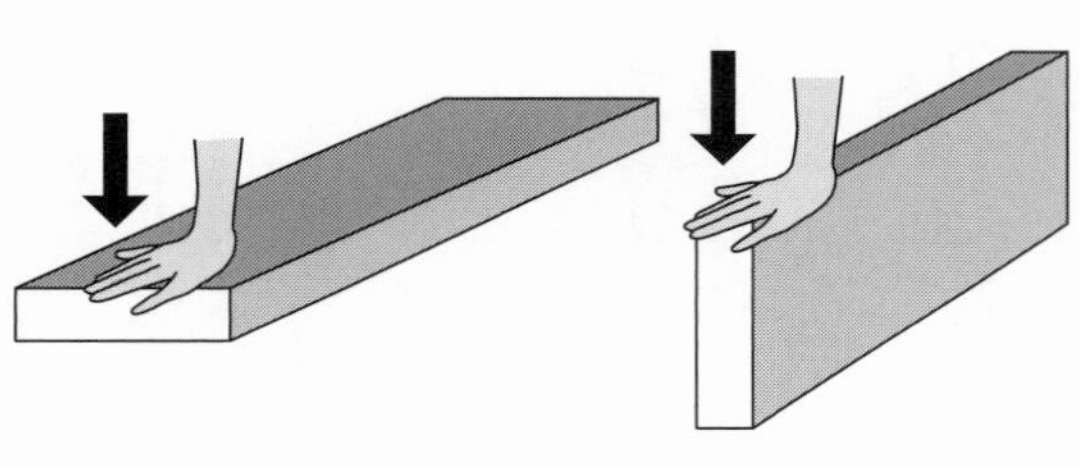

である。
　顎のおおよその強度を調べるのはとても簡単で、ノギスやメジャーを使って顎の幅と高さを計測すればよい。強度は顎の断面の形状で決まる。図版6のように板を曲げるとき、どちらが曲げにくいだろうか。板を縦に置いたときだろう。顎先とか、奥歯あたりとか、一つの顎のいろいろな部位を計測することで、どの方向からの負荷に対して強く設計されているかを知ることができる。この手法では、ニュートンという単位で表される絶対的な嚙む力を推定することはできない。これ以上の手法の説明はここでは避けるので、詳しく知りたい方は本章末の《コラム4》を参照してください。
　私たちの計測の結果、肉食恐竜はグループによって、顎の適応に違いがあることが分かった。口を閉じるとき、つまり上下方向からの負荷に対して高い強度を示す顎を持つのは、ドロマエオサウルス科（ヴェロキラプトルなど）やカルカロドントサウルス類（ギガノトサウルスなど）などだった。かれらの顎は左右方向からの力に弱く、顎を上下に動かして肉を切り裂いて食べるのに適したつくりだ。

一方、左右方向の負荷に対して高い強度を示すのは、アルバートサウルスやティラノサウルスなどの大型ティラノサウルス科だった。特に、ティラノサウルスは顎先でその強度が大きい。口先で大型の獲物を捉え、咥えた部位を強引にむしり取ることに適した顎のつくりだ。アルバートサウルスも同様の適応が見られるが、ティラノサウルスほどではないため、捕食方法に若干の違いがあったのかもしれない。顎のつくりから、肉食恐竜たちのハンティング方法が垣間見られるのだ。

この結果を基に、今度は相対的な噛む力も計算できる。ニュートンで表される値ではないので、他の論文で推定した噛む力とは比較できないが、どの恐竜がより強い噛む力だったのかを比較することができる。図版7に成果の一部をまとめよう。

例えば、ヴェロキラプトルの値は0・01であり、ギガノトサウルスは0・70になっている。これはヴェロキラプトルよりもギガノトサウルスの方が、70倍も噛む力が強いことを示している。ギガノトサウルスはティラノサウルスをやや上回る全長の巨大肉食恐竜だが、ティラノサウルスの方が噛む力が3倍以上も大きい。ティラノサウルスの噛む力は、他の肉食恐竜を凌駕していたのだ。単純に噛む力だけで勝敗が決まるならば、ティラノサウルスが圧勝である。

植物食恐竜の噛む力

植物食恐竜の中には、噛む力が強い種はいたのだろうか。植物食恐竜でもいくつかの種で噛む力が推定されている。てこの原理を利用して、下顎の計測値と筋肉の位置や大きさの推定値から計算する方法がよく使われている。図版8に植物食恐竜の噛む力の一例をまとめよう。皆さま、日常生活で活用されたし。この表を見ると、やはり肉食恐竜の噛む力には到底及ばないことが分かる。肉食恐竜ほど強く噛む力は必要ないから、これは当然の結果だろう。

噛む力が弱いのはアンキロサウルス類やステゴサウルス類などである。かれらは見るからに貧弱な顎をしている。ハドロサウルス類やケラトプス類は植物食恐竜の中で比較的強い噛む力を発揮していたようだ。

テリジノサウルス類は詳しく研究されているグループである。テリジノサウルス類は

図版 7　噛む力の指標となる顎の強度の比較

獣脚類の種類	噛む力の指標となる値
ティラノサウルス（平均値）	2.35
ダスプレトサウルス	1.02
ギガノトサウルス	0.70
カルノタウルス	0.37
ケラトサウルス	0.22
アロサウルス	0.22
スコミムス	0.21
ディロフォサウルス	0.11
ドロマエオサウルス	0.04
デイノニクス	0.03
ヴェロキラプトル	0.01

顎中央部の値
出典：Therrien et al. (2021)

図版 8　植物食恐竜の噛む力

グループ	恐竜	噛む力（ニュートン）
ステゴサウルス類	ステゴサウルス[1]	275
ケラトプス類	プシッタコサウルス[2]	170.15
竜脚形類	プラテオサウルス[3]	69.64～188.04
竜脚類	ディプロドクス[4]	324.2
竜脚類	カマラサウルス[3,4]	741.82～1978.16
テリジノサウルス類	エルリコサウルス[5]	89.08～133.62※

頭骨の計測値と推定筋肉量に基づき、顎の後方で計算　　※顎片側の値
出典：[1]Reichel (2010); [2]Landi et al. (2021); [3]Button et al. (2016); [4]Button et al. (2014); [5]Lautenschlager et al. (2013)

ティラノサウルスやアロサウルスと同じ獣脚類だが、植物食に進化したグループだ。かれらの噛む力は弱い。ただし、グループ内でバリエーションがあるようで、原始的な種の方が進化した種よりも噛む力が強かったようだ。原始的なファルカリウスでは雑食性だった可能性が考えられる一方、進化した種であるエルリコサウルスは顎先のくちばしを使って植物をちぎり取っていたと考えられる。同じく雑食や植物食の傾向が見られるオヴィラプトロサウルス類でも、グループ内で顎の形状が結構違っていて、食性や採餌方法の違いを反映しているようだ。

また、同じ時代・同じ地域で暮らす植物食恐竜たちの間でも、噛む力の違いが見出されている。例えば、アメリカ・モリソン層（ジュラ紀後期の地層）で見つかるカマラサウルスとディプロドクスは同じ竜脚類だが、頭骨の形状が大きく異なる。太くて短い顎を持つカマラサウルスの方が細長い顎を持つディプロドクスよりも噛む力は強かった。こうした違いは食性や採餌方法の違いを反映しており、とどのつまり、同じ地域に暮らしていてもエサの取り合いをしないための適応である。棲（す）み分けをすることで、無駄な争いを避けていたのだ。

一般に、口を閉じる速さと噛む力はトレードオフの関係にあって、一方を求めれば他方を犠牲にしなくてはならない。つまり、口を素早く閉じたければ嚙む力が弱まり、嚙む力を強くしたければ口を素早く閉じられない。てこの原理だ。

植物食動物の場合、素早く口を閉じることは大して重要ではない。口の中でしっかりと植物をすりつぶしたり、硬いものを食べたりする種では、ある程度の嚙む力を持っていたと考えられる。

肉食動物にとって、両者はどちらも捨てがたい能力であるから、この相反する要求は大きな問題である。ティラノサウルスは嚙む力を追い求めた代表例だ。

キング・オブ・キングを決めよう

どうやら、嚙む力が一番強い恐竜はティラノサウルスということで間違いないようだ。研究方法によって推定値にばらつきがあるが、ほかの恐竜と比べて、ティラノサウルスの嚙む力は群を抜いている。

ティラノサウルスの骨格はこれまでに50体ほどが発掘されている。数あるティラノサウルスの骨格標本の中で、一番嚙む力が強いのはどの標本だろう。ここでキングの中のキングを決めようじゃないか！

図版９　ティラノサウルスの各標本における噛む力の推定値

標本番号	噛む力（ニュートン）
フィールド自然史博物館 FMNH PR 2081（「スー」）	17,769 ～ 34,522
ロサンゼルス・カウンティ自然史博物館 LACM 23844	16,352 ～ 31,284
ロッキー博物館 MOR 980	14,201 ～ 30,487
ロッキー博物館 MOR 008	13,736 ～ 28,101
ブラックヒルズ地質学研究所 BHI 3033	12,509 ～ 24,272
ロイヤル・ティレル古生物博物館 RTMP 81.6.1	12,197 ～ 21,799
ブラックヒルズ地質学研究所 BHI 4100	8,526 ～ 18,014

出典：Gignac and Erickson (2017)

最強のティラノサウルスの骨格標本「スー」
（フィールド自然史博物館所蔵）

ポール・ギグナック博士とエリクソン博士が頭骨の筋肉量を復元し、コンピュータモデリングによって7標本の嚙む力を比較している。図版9をご覧いただきたい。どれも成体の個体であるが、嚙む力にはバラつきがある。BHI4100という標本番号がつけられたブラックヒルズ地質学研究所の個体が一番低い値（約8500～1万8000ニュートン）であり、最大値はフィールド自然史博物館のFMNH PR 2081という標本である（約1万7800～3万4500ニュートン）。最大で4倍も異なるのだ。値の違いは頭骨の大きさや形状の差異と関係しているのだろう。フィールド自然史博物館のFMNH PR 2081が一番強いという結果は、フランソワのビーム理論に基づく分析とも一致する。

最強の称号を得たFMNH PR 2081という標本は、ティラノサウルスの骨格化石の中でも特に有名で、「スー」という愛称で呼ばれている。これは発見者のスーザン・ヘンドリクソン女史にちなんで付けられたものだ。

スーは体重8・5トンと推定されていて、ティラノサウルス標本の中でもとりわけ大型かつ頑健である。骨組織の研究から、この個体は28歳頃に死亡したと考えられ、十分に成長した個体だった。実際にはスーよりもわずかに大きな個体（「スコッティ」という愛称の標本で推定体重8・9トン）が見つかっているが、嚙む力はまだ推定されていない。記録更新の期待がかかるが、頭骨はバラバラの状態で発見されているため、正確に嚙む力が推定できる標本なのだろうか……。

というわけで現在のところ、地球史上最強の嚙む力を持つ陸上動物はスーである。ちなみにスーの性別はわかっていない。メスだったとしたら、キング・オブ・キングではなく、最強のクイーンだ。

嚙む力と成長

ここまでの嚙む力の研究は、オトナ（成体）の標本に基づいている。進化した大型のティラノサウルス科では成体の個体ばかりでなく、子供（幼体）でも嚙む力が詳しく研究されている。

これまでの研究で、ティラノサウルスは10歳頃から急成長が始まり、18歳頃に骨格上の成熟を迎え、30歳頃に死んでしまったことがわかっている。途中まではヒトと同じようなパターンなのに、ヒトよりも短命だったようだ。ティラノサウルス科の様々な成長段階での嚙む力を調べることで、獲物の種類や襲う方法がどのように変化したのかが考察できる。

マルチボディダイナミクス分析のベーツ博士とフォーキンガム博士の研究によれば、ティラノサウルスの幼体（11歳）では約2400〜3900ニュートンだった。成体のおよそ10分の1から20分の1しかない。11歳のティラノサウルスといえば、ちょうど急成長が始まる頃の個体である。

ビーム理論のフランソワも同様の結果を得ている。ティラノサウルス科の下顎は11歳頃を境にして急激に頑丈になり、巨大化していったようだ。顎だけでなく、ナイフのような鋭利な歯から、太くて頑丈な歯へと変化した。

現生の肉食動物の場合、噛む力が強い捕食者は大型の獲物を、噛む力が弱い捕食者は小型の獲物を襲う傾向にある。この論理でいえば、ティラノサウルスの幼体は成体よりもずっと小さな獲物を襲っていたことになる。ティラノサウルスの幼体は脚が長く、機動性に富んでいるため、すばしっこい小型の植物食恐竜を襲っていても不思議ではない。一方で、巨大な成体は大型の獲物を捕食していた可能性がある。

捕食者の体サイズと被捕食者（つまり獲物）の最大サイズはある程度相関している。ティラノサウルスの成体ほどの巨体であれば、トリケラトプスは獲物の範疇に収まってしまうそうだ。その予測通り、ティラノサウルスの噛み痕のついたトリケラトプスの骨化石が見つかっているのはすでに述べたとおりだ。

ティラノサウルスでは、成長段階によって狩りの戦略が異なるというのは興味深い仮説だ。幼体は小型の獲物を、成体は大型の獲物を襲っていたとすると、かれらは同種でありながら、幼体と成体で生態的地位が異なっていたことを意味する。急成長する11歳頃にニッチのシフト（つまり、上位の生態的地位へ移動）があったと考えられる。ティラノサウルスがいる生態系では、中型から大型の他の種類の肉食恐竜がほとんど存在しない。ティラノサウルスが一種でニッチを占有していたためだろう。

「引き分けだな、いや、逆転したかも」

最後に、私たちが2022年に行ったモンゴルでの野外調査について、事の顚末を記して本章を終わりにしたい。アーリベクダグでの調査最終日の午後、私たちは最後の化石探しに出かけた。この数日間でまだ歩いていない方角があったので、そこを目指すことになった。小林先生と久保田さんと一緒に、西側に傾き始めた太陽の光を左肩に浴びながら進む。

初日のアレクトロサウルスと思われる化石に加え、学生たちが興味深い化石をいろいろと発見していたので、収穫の多い調査となっていた。だから、私たちもガツガツ化石を探すでもなく、半ば散歩を楽しむような感覚で化石を探して歩いていた。

ふらふらと下ばかり見ながら歩いていたものだから、気づかぬうちに1人になっていた。このあたりは少し起伏があって、谷間に入ると周りが見通せない。すでに日は陰りつつあった。調査できる時間もあと30分くらいだ。

小林先生はずっと先に進んでいったのだろう。普通、小林先生は化石が落ちていないかレーダーのようにしっかりと地面を確認しながら歩くが、その速度は結構速い。スタスタと先に進んでいく。限られた時間で広範囲をカバーできるよう、長年の調査で鍛えられているのだ。

私がまだカナダの大学院生だったころ、小林先生と一緒にアルバータ州で化石を探した日のことを思い出す。同じ場所を歩いているのに、私には見えなかった化石を次々と発見していくのだ。

「あれ、ここに落ちていたけど。見なかったの？」

「いえ、そこは確かに通ったはずなんですけど……」

自分はどこを見ていたのだろうか。化石は地面と同じ色だから、慣れていないと見落としてしまう。学生になってから野外調査を始めた私とは違って、小林先生は学生になる前から化石探しを続けている。目が養われているのだ。この能力は、昨日今日で習得できるものではない。

その時の私は必死に探し、ようやく1個、歯化石を見つけた。ゆるく湾曲し、鈍い光沢を放つ肉食恐竜の歯の化石だった。形状からしてティラノサウルスのなかまのアルバートサウルスのものだろう。とても小さいが、採集するに値する化石をやっと見つけた。

小林先生は私の手に収まる化石を見て「お、やったじゃん」と驚いた様子。「どうです、私だって見つけられるんですよ」と声が漏れそうになった瞬間、小林先生が「あ!」と言って、何かを見つけた。5メートルも離れていない場所で、同じくアルバートサウルスの歯化石を見つけたのだ。しかも、欠けているところもなく、10センチはあろうかという大物である。私の手柄は一瞬にして霞んでしまった。悔しくも、流石(さすが)と実感する出来事であった。

アーリベクダグでの調査終了時刻が迫る頃、私は開けた場所に出て他の2人がどこにいるのか周囲を見渡した。前方に、小林先生と久保田さんのシルエットが小さく見えた。

２人ともその場所からじっと動かない。

「何か発見したな」

私はそう直感して、２人のいる場所へ急いだ。逆光に浮かぶ２人の堂々とした姿は、表情を確認するまでもなく何か大物を発見したことを雄弁に語っていた。

「ここにオルニト（オルニトミモサウルス類の略）の全身が埋まっているよ」

な、な、なんと、残り30分で全身骨格を見つけてしまったのだ。背骨、前肢、骨盤、後ろあし……恐竜がまるまる一体そこに横たわっているのが、確かに見て取れる。しかも、骨の特徴からして明らかに新種であるという。

本当に、小林先生には私には見えないものを引き付ける能力が備わっているようだった。何も、化石探しに限った話ではない。１章でお話ししたウズベキスタンで地質図もろくにない地域を彷徨（さまよ）っていた時は、歩いているうちにその土地の地質構造を理解し、するすると繙（ひもと）くようにして、今自分が立っている地質学的な位置関係を把握していた。その、状況を的確に読む能力、少しの手掛かりをもつかみ取る能力にいつも脱帽してしまう。空間把握能力とでもいうべきか、「ローガン・アイ」ではなく、やはり「ファルコン・アイ」なのである。

「これで引き分けだな、いや、逆転したかも」

小林先生が嬉しそうに言った。化石探しは競争ではないけれども、くそう、やるなあ！

幸い、野外調査はまだ半分過ぎたところ。アーリベクダグでの調査はこれで終わりだが、明日移動して、明後日からはシルートウールという別の地域でまた化石を探す予定だ。モンゴルを舞台にした恐竜調査は、まだまだ続く。

《コラム4》顎の強度を推定しよう

ここでは、獣脚類の下顎の強度を推定するとてもシンプルなやり方を紹介したい。本章で触れたカナダのフランソワ・テリエン博士が用いた方法だ。

肉食恐竜の下顎は上から見ると左右の板をくの字形に張り合わせたような単純な形状をしている。顎先と付け根に二分するように、下顎をスパッと切断したとしよう。このときの断面形状が重要である。板の断面の高さと幅の比（顎の高さ／顎の幅）が強度の指標になる（図版10）。例えば、比が1より大きい場合（板の高さの方が大きい場合）、

図版10　肉食恐竜の下顎の強度

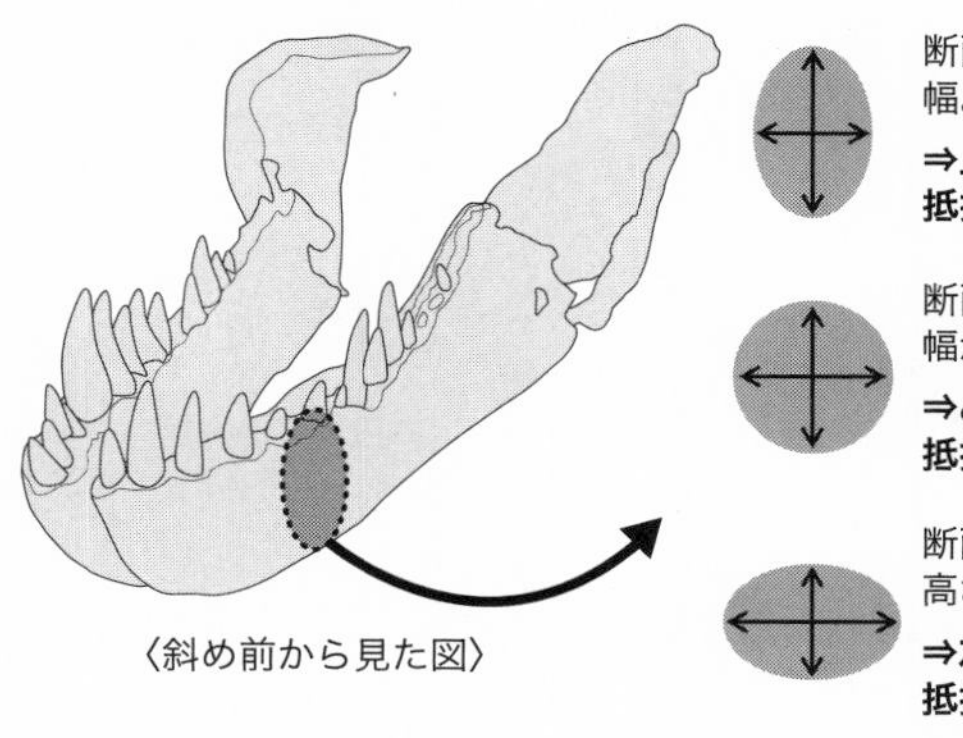

〈斜め前から見た図〉

顎は上下方向の力に対して抵抗力が高いと言える。つまり、獲物をガブリとやって口を閉じるときに顎にかかる負荷に対し、顎は頑丈にできているということだ。

一方、比が1より小さい場合（板の幅の方が大きい場合）、顎は左右方向の力に対して抵抗力が高い。つまり、獲物に噛みついたとき、顎を左右に曲げる方向に働く負荷に対し、頑丈に作られている。

比が1の場合（板の高さと幅が等しい場合）は、上下と左右、どちらの力にも適応していると考えられる。要は、下顎の断面形状はどの方向の負荷に対して抵抗力があるかを示す指標である。文章にするとわかりづらいので、図版10を参照していただきたい。

上下方向の負荷に対する下顎の強度（Zx：センチメートル）を、顎を開閉する支点から下顎断面までの長さ（L：センチメートル）で割ったものが、噛む力の指標（平方センチメートル）になる。これを式にしたのが以下である。

$$噛む力の指標 = \frac{Zx}{L} = \frac{\pi}{L} \cdot \left(\frac{下顎の幅}{2}\right) \cdot \left(\frac{下顎の高さ}{16}\right)^2$$

顎の真ん中あたりの噛む力を調べるため、フランソワは9番目の歯がある位置で下顎断面を計測した。式にすると難しそうだが、下顎の3か所を計測するだけで噛む力の指標が得られるため、実はとても簡単な方法である。

私は大学で「地史学・古生物学実験」という授業を部分的に担当している。内容は主に骨学の実習だが、噛む力の推定も学生に挑戦してもらっている。肉食恐竜の下顎は残念ながら大学にないので、テンやタヌキなどの現在の哺乳類を使う。

例えばテンの顎の先（犬歯）と奥歯（第1臼歯）の位置で噛む力の指標を計算し、常用対数に変換すると、それぞれマイナス1・90とマイナス1・62となった。値を比較すると、奥歯の値が大きく、噛む力が強いことがわかる。顎の真ん中あたり（第3前臼歯）では一番低い値（マイナス２・０）となった。顎の先で噛む力がやや強いが、真ん中はそれほどでもなく、奥歯が一番強いという結果だ。

　興味深いことに、タヌキでは顎の真ん中よりも顎先の方が低い値となった。このようなプロファイルの違いは、食性や採餌様式の違いを示している可能性がある。タヌキにくらべ、テンの方が前歯を使って獲物を捕らえる能力にたけているのかもしれない。いろいろな動物で計測し、比較してみると面白いだろう。

5章　恐竜の一番大きなウンコ化石は？

秋の飛火野で

ある秋の日、私は奈良公園でウンコをつんつんしていた。奈良公園には約40種もの糞虫がいて、シカの落とし物をせっせと消費している。糞虫とは糞を主なエサにするコガネムシのなかまの甲虫である。エジプトでまん丸の糞玉を転がすフンコロガシ（スカラベ）のことなら皆さんもご存じだろう。

糞を転がすタイプの糞虫は日本ではまれだが（それも超小型）、常に糞が供給される奈良公園は糞虫パラダイスであり、国内有数の糞虫スポットである。奈良を訪問中の皆さんには、シカや大仏だけでなく、糞虫も愛でていただきたい。

私は奈良公園の近くにある「ならまち糞虫館」で糞虫の美しさに心奪われ、糞虫ＬＯＶＥとなってしまった。ルリ色のメタリックボディの美しさ、ゴホンダイコクコガネの勇ましさ。外見のカッコ良さだけにとどまらず、かれらは地面を掃除し、日々我々の役に立っている。糞虫はすごいやつらである。

そういうわけで、感化されやすい私は糞虫を探すべく、朝露を含んでキラキラと輝く春日大社境内の飛火野でウンコ座りして、木の枝でシカの豆グソを引っかきまわしながら糞虫を探した。はたから見ればかなり怪しいウンコつんつんおじさんである。素人には難しく、なかなか発見できなかった。

「くそう、全然見つからん！　これじゃあ恐竜化石探しの時と一緒だ。俺には才能がないのか」

近くには、虫取り網を持った5歳くらいの少年とその両親が鵜の目鷹の目で虫を探している。う〜む、ライバル出現か。なんとしても先に見つけるべし！

そのとき、ウンコの間をちょこちょこと歩くチョコボール型のメタリックボディを発見！　やった、いたぞ！

私に捕獲されたコガネムシは手のひらで上へ上へと前進を続けた。向上心の塊である。どこまでも魅力的なやつら！

今は旅行中の身であるから、この可愛いやつを連れて帰るわけにはいかない。仕方ない、虫取り少年にあげよう。少年のお母さんにもじもじと話しかける。

「え、フンチュー……？？？」

明らかに引いている。

「いえ、私たちはフンチューを探していたわけではありませんけど……」

糞虫マニアではなかったのか！　それでも私は捕まえたばかりのコガネムシを少年の虫かごに押し込み、その場から逃げ出した。虫をもらった少年の瞳はルリセンチコガネのように輝いてみえた。よし、奈良を堪能したぞ！

そういうわけで本章のテーマは糞である。シカの豆グソをつんつんしていて、ふと思った。もし恐竜のウンコを丸めて転がしたら、一体どれくらいの大きさになるだろう。恐竜の特大糞玉を作ろうじゃないか！　朝の飛火野で、私の心に火が付いた。

T先輩トイレ事件

さて、ウンコと言えば思い出すエピソードがある。３章で、足跡化石のナゾを追いかけて、カナダ・アルバータ州のミルクリバーで野外調査したエピソードを紹介した。あの時、実は私の他に日本人が２人参加していた。１人は北海道大学の小林快次先生。発掘の必殺仕事人として、ロイヤル・ティレル古生物博物館から召喚されていた。カナダ側からしてみれば、頼れる助っ人外国人である。外国からその腕が認められ、信頼される小林先生はキラキラしてとても眩しかった。

そしてもう1人が、当時ティレル博物館でポスドク研究員をしていたT先輩である。T先輩は「せっかくアルバータにいるのだから野外調査に参加したい」と言って参加した、いわば傭兵的立場であった。なぜ名前を伏せているかというと、この後、T先輩のウンコが登場するからである。輝かしい研究者人生を汚さないためにも、名前はあえて紹介しない。

さて、ミルクリバーでは、高台の草原地帯にテントを張り、眼下に広がる、深くえぐられたバッドランドへと毎日化石探しに出かけていた。高台は風が強く、テントを張るにはあまり良い条件とは言えない。夕方、谷間での調査から戻ってくると、風でテントがなぎ倒されているなんてこともしばしばあった。疲れて帰ってきた体に、ビールの乾杯ではなくテントの張り直しを強いられるのは酷なことである。さらに悪いことに、強風によって私の花粉症は悪化の一途をたどっていた。鼻をかみすぎて血管が破れ、血みどろ鼻声鼻血ブーであった。

とはいえ、調査から戻ってきた夕方はホッと心が落ち着く時間帯である。赤く燃えるようなバッドランドの谷間に、まん丸の日が落ちていく。遠くで、黒い染みのようなシカが奇岩の間をかけていく。夕食づくりや後片付けが早く終わったとき、のんびりと景色を眺めるのは何よりの癒しである。ぬるいビールもおいしく感じる。

たそがれの時間帯はトイレタイムでもある。暗くなってしまった後は足下が危ないから、朝か夕方の明るい時間帯に済ませる必要がある。当然ながら、バッドランドにはトイレ設備がない。各々が好きな場所へ、好きな穴場スポットへ、トイレに行くのである。暗黙の了解のうちに、男女で向かう方向が異なるし、男同士でもみんなちょっとずつ違うところに行くから、鉢合わせするなんてことはない。ミルクリバーのバッドランドは、でっぱりやくぼみが多いから、どこでも好きな場所を選べるのだ。

私は、洞窟のようになった、ちょっと奥まったところを所定の場所と決めていた。T先輩がトイレから戻ってきたことを確かめ、私も重い腰を動かす。いつものように、いつもの隠れ家的トイレへ出向き、用を足す。周りに壁があると守られていて安心感がある。

しかし、私の固定観念が覆されたのはそのすぐあとであった。テントへ戻る途中、見

つけてしまったのだ。誰かのトイレを！　出したてのブツが圧倒的存在感を放ってい
た！　ブツの形からして、シカのものではない。シカは豆グソのはずだ。コヨーテなど
の犬のなかまも細長い棒状の糞をするが、コヨーテにしてはサイズが大きい。これは、
ヒトの糞とみて間違いないだろう。ブツの周りにまとめられたトイレットペーパーが何
よりの証拠である！

私がさらに衝撃を受けたのは、その立地であった。崖の中腹から突き出した平らな岩
盤、さながら地中海を見下ろすナポリのテラスといった趣がある。私は、これまでコソ
コソ用を足してきたが、これは逆転の発想である。あまりにも丸見えのその物件（ブツ
件）は、むしろ見る方が悪いのだと主張しているかのようである。方角からして、ここ
はT先輩のトイレとしか考えられない。現に、ついさっきT先輩はトイレから戻ってき
たばかりではないか！

いたく感動した私は、急いでT先輩の下に駆け戻った。すると彼はこう言い放ったの
だ。

「どうせするなら、景色が綺麗な方がいいじゃん！」

あの場所で、崖を背にして用を足せばバッドランド全体を見渡すことができる。その

景観の素晴らしさに、我々は目を奪われることだろう。「ナポリを見てから死ね」ということわざを思いついたイタリア人の気持ちがよくわかる。まさに、「バッドランドを見て死ね」である。用を足しながら、心まで清くなれるのだ。

「か、かっけー」

私は、精神のナポリ市民、T先輩に感心しきりであった。アモーレ!

哺乳類のウンコ、鳥類のウンコ

さて、ここで高揚した精神を落ち着かせ、ヒトの糞についてもう一度分析してみよう。T先輩のブツを見たとき、一瞬で私はそれをヒトの糞だと断定した。なぜか。もちろん、トイレットペーパーの存在が決定的証拠となった。しかし、それだけではない。

哺乳類のブツは爬虫類や鳥類のそれとは大きく異なるのだ。さらに言えば、哺乳類の中でも、種によってブツの形が結構違うのである。

言わずもがな、ヒトを含め多くの哺乳類（有袋類と真獣類）では、ウンコはお尻の穴から出てくる。肛門はウンコ専用の出口である。オシッコは出ない。

ヒトのウンコは細長い棒状、バナナ状であるのに対し、シカは豆グソと言われる通り、コロコロとしたチョコボール状である。他にも、パンダは笹だんご状だし、モルモットはイカ墨で炒めたチャーハンのようである。ウォンバットにいたっては立方体のウンコをする。シルエットが滑らかな曲線のウォンバットから、サイコロのようなウンコが出てくるとは驚きだ。

動物によってウンコの形状が異なるのは、食性や消化管のつくり、消化の仕方の違いが反映されているためらしい。ウォンバットの場合、ウンコが直腸で長く留まると、直腸のひだによって角ばったウンコになるそうだ。

ヒトの場合、ウンコの成分は水分が約60〜80％で、残りを食べ物の未消化物、消化管の壁から剥がれた粘膜組織、腸内細菌やその死骸が占めている。日本人の1日の排便量は約200〜300グラムだそうだ。バナナ2、3本分の重さだ。排便量は国によって異なるらしく、ウガンダ人は1日に約1キログラムも排便するという報告がある。これは、かれらがイモ類を主食（しかも1日に1キログラム！）にしていることと関係しており、排便量は食生活の違いを反映しているようだ。ちなみに、茶色をしているのは、胆汁の成分の一つであるビリルビンが腸内でステルコビリンに変化し、ウンコを着色しているためである。

一方、爬虫類や鳥類では、総排泄腔（そうはいせつこう）と呼ばれる孔（あな）から尿や卵、胎生の種では赤ちゃんも出てくる。カモノハシなどの原始的な哺乳類（単孔類という）もこのタイプだ。まさに単「孔」類！　総排泄腔はウンコ専用ではないのだ。食べ物を消化する消化器官と卵を作る器官（卵管）は別々にあるから、二つの管が総排泄腔の手前で合流するつくりになっていて、尿管もここで繋がる。

爬虫類や鳥類のウンコは、哺乳類のそれとはまた違っている。駅前の広場に出かけて鳥のウンコを観察してみよう。黒いイモムシみたいなウンコに白いベチャっとしたいや〜なヤツがかかっているだろう。この白いのは尿酸で鳥のオシッコである。

ヒトを含め、動物の尿の成分には元々アンモニアが含まれているが、アンモニアは毒性があるためにやっかいである。アンモニアは水に溶けるので、水中で生活する生物はアンモニアをそのまま排出する。一方、陸上動物ではひと手間必要である。哺乳類はアンモニアを尿素という毒性のない物質に変えて、大量の水と混ぜてオシッコとして排出している。ちなみに、生活圏によって割合は異なるが、カメ類も尿素を排出している。

アンモニアを無毒化するもう一つの方法が、尿酸だ。尿酸は固形物だから水分を節約でき、オシッコのために水分をたくさん用意する必要が無い。少しでも体を軽くしたい飛翔性の鳥類には合理的な方法である。また、卵の中の閉鎖的かつ容量が限られた環境においても、尿酸は固体として蓄積することができるので便利である。爬虫類や鳥類のウンコに見られる白い物質はこの尿酸なのだ。ワニ類はやや特殊で、淡水ではアンモニウム塩（炭酸水素アンモニウム）を、海水では尿酸と尿酸塩を排出する。多くの陸上爬虫類と鳥類で共通しているということは、絶滅した恐竜も尿酸として尿を排出していたと考えるのが妥当だろう。

そういうわけで、たそがれ時のミルクリバーで発見したブツは、まごうかたなきT先輩のブツだったのである。

正式名称コプロライト

この「T先輩トイレ事件」は私たちの間で長く語り継がれることとなった。拙著『恐竜学者は止まらない！——読み解け、卵化石ミステリー』（創元社、2021年）でもこのエピソードに触れているのだが、なんとT先輩は私の著書を読んでくれていた。ある日、T先輩は私の研究室に飛び込んで来るやいなや、「なんで俺だけウンコなんだよーっ！」と憤慨した。

曰く、他の研究者たちはみんなカッコよく登場しているのに、なぜ自分だけトイレのシーンしか出番がないのか、と。T先輩、ごめんなさい。本書でもウンコ章での登場になります。

念のために言っておくと、T先輩は気鋭の研究者であり、質の高い研究論文を次々と発表している。研究が素晴らしいからこそ、こういうエピソードもお話しできるのだ。懐が広く、穏やかで優しく、他人に批判的な発言をしているところを聞いたことが無い。私の尊敬する先輩である。

ウンコの話題に戻ろう。この章のゴールは、恐竜のウンコを使って特大の糞玉を作ることである。そのためにはまず、恐竜がどのようなウンコをしたのか知らなくてはならない。

アルバータ州のミルクリバーの野外調査では、恐竜のウンコ化石を見つけることができなかった。ウンコ化石かと思ったそれが、実はハドロサウルス類の足跡化石だったという話は、3章で述べた通りだ。では、ウンコ化石はかなりレアな化石なのだろうか。

実はこのミルクリバーでの調査の1か月半後、私はアメリカ・モンタナ州でウンコ化石と出会っている。モンタナ州はアルバータ州の真南にあり、一部の地層は繋がっていて、類似した恐竜化石が産出している。アルバータ州同様、モンタナ州も恐竜の卵化石がたくさん見つかる地域として知られている。特に、ハドロサウルス類であるマイアサウラの集団営巣跡が有名である。

モンタナ州のバッドランドを歩いていると、卵殻化石はもちろんのこと、あたり一帯にコロコロした繭のような小さな岩が密集した地点があった。こういうコロコロした岩は踏むと滑って転びそうだからやっかいだ。実は、このコロコロした岩は全てウンコ化石なのだという。ウンコ化石と思われる岩は、地表を覆っている。おびただしい数だ。

正直、ほんまかいなと思った。ウンコと言われればそう見えるし、ただの泥の塊のようにも見える。ウンコ化石と言われた瞬間、急にその岩に価値があるような気がしてくる。どうして、それがウンコ化石と言えるのだろうか。

ウンコ化石は、正式にはコプロライト（coprolite）と言う。排泄される前の胃や腸の中の内容物はコロライト（cololite）と呼ばれる。尿化石はユーロライト（urolite）と言う。

これらは生物の体そのものの化石ではないため、体化石と区別して、生痕化石と呼ばれる。生痕化石にはほかに足跡化石や巣穴化石などが含まれる。恐竜のウンコ化石には、当時の糞虫が掘ったトンネル状の穴が見つかることがある。生痕化石の中に別の生痕化石が保存されるという、入れ子構造の化石だ。

ウンコ化石は、ウンコとは全く関係ない地層中の別の構造物と混同してしまう恐れがあるため、判定にはいくつかポイントがある。まず、形状である。恐竜のウンコには細長い形状や塊状、ベチャっと崩れた形など、「それっぽい形」が挙げられる。

だが、形状だけの判断は早計である。内容物に植物片や骨片などの有機物質が含まれていること、肉食動物のウンコであればリン酸塩の化学組成を示すこと、化石を埋める母岩と独立した化学組成や構造をしていることなどが基準となる。もちろん、これらすべてを満たす化石がいつも見つかるとは限らないから、判定はケースバイケースだ。

ウンコ化石研究には重大な問題がある。ウンコをした主が特定できないのだ。ウンコの内容物から、植物食性か肉食性かは分かる（場合がある）。ウンコの大きさから、ウンコをした個体の体の大きさをある程度絞り込むことはできる。ただし、それだけの証拠から犯人を追い込むのはかなり大変で、ウンコ化石が単体で見つかった場合、捜査は難航する。

体化石と一緒にウンコ化石が見つかれば（状況証拠によって）ウンコの持ち主を特定

することはできる。プシッタコサウルスというケラトプス類の恐竜では、マンガのようにペッタンコに潰れた化石が見つかっていて、軟組織まで綺麗に保存された標本が存在している。総排泄腔の跡まで確認でき、そのあたりには、ウンコとおぼしき物体がこびり付いていた（本章末の《コラム5》参照）。

また、クンバラサウルスというオーストラリアのアンキロサウルス類では、体化石とともにコロライトが見つかっている。この骨格標本は、過去にはミンミと呼ばれていたが、最近の研究で別属であることが分かっている。これまたマンガのようにペッタンコになった標本で、排泄前と思われる腸管内容物が体の表面にくっ付いていた。最後の晩餐の跡だ。

このような発見は極めて珍しい。「持ち主が誰か分からない問題」は卵化石や足跡化石にも共通しているが、卵の中に赤ちゃん骨格が残った化石や抱卵中の化石が見つかる卵化石よりも、さらに難易度が高いと言えるだろう。

ウンコ化石の成分

恐竜のウンコ化石研究の第一人者に、アメリカのカレン・チン博士がいる。博士はこれまでに多数のウンコ化石論文を発表しており、ウンコ化石を使って恐竜の生活や生態系を見事に解き明かしている。ウンコは健康のバロメータと言われるくらいだから、たくさんの情報が詰まっているのだ。ここではちょっとだけ本題から脱線して、ウンコ化石の成分を調べることで、どういうことが分かるのか、簡単に紹介しよう。

まずウンコ化石を調べることで、その恐竜の食生活を垣間見ることができる。例えば、この後紹介するが、ティラノサウルスのウンコ化石には骨のかけらが大量に含まれていた。その割合はウンコ全体の30～50％にもなる。ティラノサウルスはエサの骨を砕き、骨まで飲み込んでいたのだ。骨片からディナーになった恐竜を特定するのは困難だが、鳥盤類恐竜の可能性が考えられるという。ウンコ化石や噛み痕が付いた植物食恐竜の骨化石（4章参照）の発見から、ティラノサウルスは獲物に骨ごとかぶりつき食べていたことは間違いないだろう。

アルバータ州で見つかったティラノサウルス科のウンコ化石には、驚くべきことに食べた肉の痕跡が保存されていた。顕微鏡で観察すると、筋繊維という筋肉の軟組織が確認できる。普通、肉は消化・吸収されるはずだが、ウンコとして残っていたということは、消化が不完全だったか、排出までの時間がかなり短かったことを示しているのかもしれない。

マイアサウラのものと思われるウンコ化石には、針葉樹の木質部が大量に含まれていた。最大で85％にもなるというから、ウンコの構成要素の多くが硬い幹の破片である。ただし、木片には細菌による分解の跡が認められたから、腐敗した木を狙っていたようだ。なぜ、かれらは栄養価の低い木質部を食べていたのだろうか。これはかなり変わった習性である。分解が進行中の腐った木だったらある程度消化しやすいから、エサの範疇に含まれたということなのかもしれない。いつも食べていたのか、その時だけだったのかは分からない。

このような木片が混じったウンコ化石では、ときおりカニなどの甲殻類の破片が見つかることがある。なぜ、植物食恐竜が甲殻類を食べたのだろうか。チン博士は、エサの種類が季節によって変化し、甲殻類を食べるタイミングもあったのではないかと考えている。恐竜の繁殖行動を研究している私から言わせれば、カルシウムを補うために食べていた、と解釈することもできるのではないかと思っている。卵殻形成のためにはカルシウムが必要であるため、現生鳥類でも積極的にカルシウムを補給すること（例えば、カタツムリの殻を食べるなど）が知られている。

木片といい、甲殻類といい、ウンコ化石からしか分からない、奇妙な食生活だ。ウンコ化石は食べたものの直接的な証拠を示してくれるという点でとても重要である。

他にも植物食恐竜のウンコ化石からは、植物の進化について知ることができる。インドの竜脚類ティタノサウルス類のものと思われるウンコ化石には、プラント・オパールと呼ばれるシリカが含まれていた。これはイネ科の植物に含まれる鉱物で、ティタノサウルス類がイネ科を消費していたことが判明した。それまで、イネ科は新生代に放散したと考えられていたが、白亜紀後期の時点でインドに生えていたことが分かる。白亜紀後期当時、インドはひょっこりひょうたん島のような単体の島である。ということは、インドにイネ科が広がったのはまだインドが南半球の大陸と地続きかすぐ近くにあったときだろう。従来の考えよりも、ずっと早くからイネ科の放散は始まっていたのだ。ウンコ化石から、植物の壮大な進化物語が垣間見られる。

ウンコ化石は比較的まだ研究が十分に進んでいない分野である。恐竜の食性や生態、さらには当時の生態系での他の生物との関わりも見えてくる。真面目に言って、とても重要な研究対象である。今後のさらなる研究が期待される。ウンコにはフロンティアが広がっているのだ。

史上最大のウンコ化石

さて、奈良公園で糞虫を見つけて以来、世界最大の恐竜ウンコ化石に興味を持っていた私は、恐竜史上、最も大きなウンコ化石を捜索することにした。ウンコ化石を報告した論文に目を通していく。その結果分かったことは、ウンコ化石論文はそこそこあるものの、大きなウンコ化石の報告は意外と少ないということだ。

そもそもウンコ化石からその排泄者を特定するのはとても難しいから、どの恐竜のウンコが一番大きいか議論するのは難航する。残念ながら、ここではごく限られた例しかお話しできないことをお断りしておこう。また、次に示すウンコ化石が1回の排便量を示しているとは限らない。ちぎれたウンコが化石化しただけかもしれず、ウンコ化石だけからでは1回の排便量を正確に割り出すことは難しい。

恐竜の巨大ウンコ化石ランキングで、最初にエントリーするのはティラノサウルスのウンコ化石である。カナダ・サスカチュワン州の白亜紀最末期（マーストリヒト期）の陸成の地層、フレンチマン層から、巨大なウンコ化石が発見された。見つけたのはカナダで有名な化石ハンターだ。もともとこの地層からはティラノサウルスの骨格化石が発

サスカチュワン州で見つかったティラノサウルスのウンコ化石

見されていて、化石ハンターたちも骨格化石の発掘のためにこの地を訪れていた。

　見つかったウンコ化石はチョココルネのような形をしていて、表面が溶岩のようにゴツゴツしている。長さ44センチ、高さ13センチ、幅16センチ、体積は2・4リットルほどにもなる。威風堂々、かなり大型の個体が残したものらしい。化石の中には噛み砕いた骨の破片が大量に含まれていたので、肉食動物のウンコであると特定された。白亜紀最末期にこれほどのブツを生み出せる大型肉食動物はそうそういない、いや、アイツしかいない。そう、ティラノサウルスである。4章でも述べたが、ティラノサウルスがいた生態系では、ティラノサウルス以外、大型の肉食恐竜が不在なのだ。同地層から見つかるトロオドンやワニやカメがこれほど大きなウンコをしたとは考えられない。かくして6600万年の時を経て、排泄者が暴かれたのである。

ちなみに、この「キング・サイズの獣脚類のウンコ化石」（論文のタイトルにもなっている）は名古屋市科学館の特別展のために来日している。私はレプリカをカナダ自然史博物館で研究したことがあり、ウンコ化石の立体画像を作成している。いつでもティラノのウンコを拝むことができるのだ。キング恐竜のウンコ化石はなんとも縁起が良さそう。

サスカチュワン州のお隣のアルバータ州からもティラノサウルス科の巨大なウンコ化石が発見されている。サスカチュワン州の地層よりも1000万年ほど古いカンパニア期という時代である。場所は微妙に異なるが、ちょうど私たちがミルクリバーで野外調査をしていたのとだいたい同じ時代だ。このことは、私たちがアルバータ州で野外調査を続ければ、いつか巨大ウンコ化石に出会えるかもしれないという希望を示している。

この化石は、先のウンコ化石と同様、チョココルネのような形状をしていて、骨片もたくさん含まれている。なんと長さ64センチ、幅17センチ（体積は6リットル）もあり、ティラノサウルスのウンコ化石を上回る。その当時生息していたダスプレトサウルスやゴルゴサウルスなどのティラノサウルス科のウンコと推測される。

続いてエントリーするのはマイアサウラのブツとおぼしきウンコ化石である。マイアサウラはカンパニア期のハドロサウルス類で、アルバータ州の南のモンタナ州から集団営巣跡が見つかっていることで有名だ。この集団営巣跡やその周辺からはウンコ化石がたくさん発見されていて、中にはかなり大型のブツもある。糞虫が掘った穴が見られることや植物片が多数含まれていることから、植物食動物のウンコ化石と考えられ、そのサイズから、当時この場所に生息していた大型ハドロサウルス類のマイアサウラのウンコである可能性が指摘されている。

ウンコ化石はだんご状で、3つくらいのだんごがくっついているものもある。白亜紀の「だんご3兄弟」だ。全体の長さは40センチほど。最も大きい標本は体積が約7リットルと見積もられている。これが私の知る限り、恐竜界最大のウンコ化石だ。

最後に竜脚類のウンコと思われる化石を紹介しておこう。竜脚類は史上最大の陸上脊椎動物だから、当然、ブツの大きさにも期待がかかる。ティタノサウルス類のものではないかと推測されるウンコ化石がインドから報告されている。インド中央部のピドュラでは古くからウンコ化石の報告があり、形態によって4種類に分類されている。最も大きなウンコ化石は10×6センチほどで、長細い形をしていて表面がツルっとしている。同じ地層からティタノサウルス類の骨化石が見つかっているため、かれらが排泄したウンコと考えられている。ティタノサウルス類ならもっと大きなウンコがありそうだが、マイアサウラのウンコよりも大きいものは見つかっていないようだ。

肛門の太さとの関係

これまで知られている中で、容積が最大の恐竜ウンコ化石は（おそらく）マイアサウラのものだ。それを上回る巨大ウンコ化石はあってもおかしくないが、残念ながらまだ見つかっていない。報告されているウンコ化石の多くは直径10センチ前後である。

肉食性・雑食性の現生哺乳類では、ウンコの直径は体サイズとまあまあ相関している。つまり、体の大きな動物ほどウンコも太くなるということである。ウンコの太さはある程度肛門の太さと関係しているだろうから、大きい動物ほど肛門も太くなるはずで、この結果は理にかなっている。例えば、体重4〜8キログラムのエゾタヌキは直径2〜3センチの小さなウンコをするが、体重150〜300キログラムのヒグマでは直径7〜8センチもあるウンコをする。

この関係性が恐竜にも適用できるかについては慎重な考察が必要だが、恐竜のウンコの幅と総排泄腔の幅にも相関関係があると仮定すると、多くの恐竜のウンコ化石（直径10センチ前後）はヒグマよりも一回りか二回りくらい大きな個体が排出したもの、ということになる。巨大恐竜が跋扈する中生代で、見つかっているウンコ化石はずいぶんと小さく感じる。

大型の恐竜はもっと太くて大きいウンコをしていても良いはずだ。しかし、デカいウンコ化石は見つかっていない。なぜ、恐竜のウンコ化石は小さいものが多いのだろうか。

予想として、①恐竜は比較的小さい総排泄腔から小さいウンコを（たくさん）していた、②大きなウンコも実在したが、化石になりにくく発見できていない、などの理由が考えられる。①の場合、大型恐竜はウンコの量も多かっただろうから、巨大モンブランみたいなウンコ化石が見つかってもよさそうだ。しかし、現にそのような化石はない。肛門が高い位置にある大型恐竜では、ウンコが着地するときにベチャっと形が崩れてしまったのかもしれない。

ウンコが化石として保存されるかどうかは、その生物の食性や、ウンコをした環境の影響を受ける。誰もがウンコ化石になれるわけではないのだ。肉食動物のウンコの方が植物食のウンコよりもリンに富んでいるため、化石化しやすいそうで、実際にたくさん化石が見つかっている。

まとめると、これまでに見つかっている巨大ウンコ化石はマイアサウラ（体積は約7リットル）、ティラノサウルス科（約6リットル）、そしてティラノサウルス（約2・4リットル）である。これらは単体で見つかっているため、1回分の排泄なのか、排泄の一部なのかは不明である。それでも、これらが大きいことに変わりはない。もしこのウンコ化石を使って、フンコロガシの糞玉を作ったら、どれくらいの大きさになるだろうか。

計算してみたところ、マイアサウラのウンコを丸めて糞玉を作ったら、直径は約24センチになる。バスケットボールと同じくらいの大きさだ。これが今のところ最大の恐竜糞玉である。ちなみに、ティラノサウルス科では直径約22・5センチ、ティラノサウルスでは直径約17センチになる。

ウンコ化石にカタツムリ？

恐竜の落としたウンコは、いろいろな生物の栄養源になっていたようだ。恐竜はきっと毎日ものすごい量のウンコを生産していただろうから、ウンコを消費する生物がいなければ、世界はたちまちウンコだらけになってしまっただろう。ウンコを栄養源とする生物は意外と多い。ゴキブリが恐竜のウンコをエサにしていたのではないかという論文もあるし、糞虫やそれ以外の生物がウンコに寄ってきていた証拠が見つかっている。

例えば、モンタナ州のウンコ化石産地では、カタツムリや淡水生の巻貝化石がウンコ化石の中から見つかっている。多くの貝殻は綺麗に残っていて、恐竜に食べられた形跡はない。かれらは日和見的にウンコをエサにしていたようだ。

ウンコをエサにする生物と言えば糞虫である。糞虫を含むコガネムシ科の甲虫は、白亜紀の半ばに多様化したと言われている。なぜこの時期に多様化したのだろうか。おそらく、恐竜のウンコを利用していたからだという研究がある。

糞虫の多様化は、被子植物（花を咲かせる植物）の繁栄時期と一致しているらしい。少なくともジュラ紀初め頃に出現した被子植物は、白亜紀に入って増加した。白亜紀前期はまだ多様性が低く、後期に繁栄したとされている。被子植物が増えてくると、植物食恐竜たちはそれを主な食糧源にするようになった。被子植物由来のウンコは口当たりが良く、ウンコを食べるニッチなコガネムシの多様化を促したのではないかというのだ。

論文には「口当たりの良いウンコ」と書いてあるのだが、一体、口当たりの良いウンコってナニ？　被子植物と裸子植物由来の恐竜のウンコを食べ比べた人がいるのだろうか。一般に、被子植物は裸子植物に比べて栄養価が高いし、被子植物を消化して出てきたウンコは繊維成分が少ない。糞虫にとって好ましいウンコだったのではないかと考えられるそうだ。恐竜と糞虫と被子植物の共進化、とても興味深い仮説だ。今、奈良公園で私たちが糞虫を探すことができるのも、実は恐竜たちのおかげかもしれない。

ということは、恐竜時代に恐竜のウンコを転がしていた糞虫がいてもおかしくないはず。ウンコの中に巣穴を作った糞虫の痕跡は既に報告されているが、まん丸の糞玉になった恐竜のウンコ化石はいつか見つかるだろうか。

今のところ単品で見つかった恐竜のウンコ化石で一番大きいのは（おそらく）マイアサウラのウンコで、糞玉は直径約24センチである。計算上、ティラノサウルスの糞玉は直径17センチほど。重さは約7・1キログラム。フンコロガシは自分の体重の1000倍以上の重さのウンコを支えることができるらしいから、7グラムのフンコロガシであれば、ティラノサウルスのウンコを運ぶことができる計算だ（半分以上妄想ですので冗談として読み飛ばして下さい）。この理論でいくと、現在のアフリカでゾウの巨大ウンコをそのまま転がしているフンコロガシがいてもおかしくなさそうだ。昆虫学者の皆さん、巨大ウンコを転がすフンコロガシを見たことはありますか？　効率を考えると、分割して転がした方が理にかなっているけれど……。

白亜紀のフンコロガシは、恐竜のウンコをせっせと運んでいたのだろうか。そんな光景を見てみたい。奈良公園で見つかるセンチコガネのように、白亜紀にもキラキラと輝く種はいたのだろうか。疑問は尽きない。

タイムマシンがあったら、皆さんはどこに行きたいだろうか。私の答えは決まっている。白亜紀の奈良公園へ出かけて、恐竜のウンコをつんつんするのだ。そうだ、トリケラトプスのウンコの中から、トリケラトプスのような角を持った糞虫を見つけてやろう！　奈良公園って、白亜紀にもあったっけ？

《コラム5》ウンの良い恐竜のはなし

恐竜化石の中には、なんと、総排泄腔（卵や糞が出てくる孔）が保存された標本が存在している。その恐竜とは、原始的なケラトプス類であるプシッタコサウルスだ。プシッタコサウルス属は中国を中心に大量に発見されていて、少なくとも10種、研究者によっては19種の存在が確認されている。現在のところ、最も種数の多い恐竜の属である。

プシッタコサウルス標本の中には、化石とは思えないくらい保存状態良好のものがある。骨格を包むようにして軟組織、つまり、内臓や皮膚が黒いシミのようにして岩石に残った標本がある。ペッタンコに潰された様子がマンガのようで可愛い。尻尾には繊維状の組織がふさふさと生えていて、ディスプレイとして使われていたようだ。また、皮膚のシミには濃淡があって、当時の体色の跡だと考えられる。背中側の方が腹側よりも色が濃く、カモフラージュに適した配色で、カウンターシェーディングと呼ばれる。シカの体色を思い出していただきたい。森での生活にうまく溶け込んだ色合いである。

この保存状態良好なプシッタコサウルス標本には、総排泄腔の跡が残されていた。左右の唇のような組織の間に総排泄腔があって、スリット状か小さな丸い形をしていたようだ。残念ながらマンガのように潰れた標本だから、正確な形状は分からない。スリット状であればワニの総排泄腔に似ているし、小さな丸い孔なら鳥類のそれに似ている。唇状の組織は周りの皮膚と色が異なっていて、生きていた時はお尻が何かしらのシグナルに使われていたかもしれないという。

総排泄腔の近くには、ウンコ化石と思われる物質もくっ付いていたそうだ。つくづくウンのいいヤツ！

6章　一番賢い恐竜は？

展示室の奥の秘密機器

東京・上野にある国立科学博物館には、マイクロCTスキャンという、物体の内部を透視する巨大な機器がひっそりと置かれている。展示用の見本ではなく、現役で活躍するホンモノである。この機器から、古生物学における多くの謎が暴かれている。

２０１７年5月11日、ゴールデンウィークで大賑わいだった恐竜の展示室は、普段の静けさを取り戻していた。閉館時間が迫っており、来館者はまばらだ。私はティラノサウルスやトリケラトプスの骨格がにらみを利かせた回廊をぐるりと回り、足音を響かせながら順路を進んだ。ステゴサウルスの骨格のさらに奥にはウナギの寝床のような細長い部屋がある。たいていの来館者は気が付かないような、小さな部屋だ。普段はガラス扉が閉まっているし、電気が落ちているので中の様子はうかがいしれないが、この日は弱い光を放っている。シャワーボックスほどもあるマイクロＣＴスキャンが、ダチョウに似た恐竜、オルニトミムスの頭骨を透視しているためだ。部屋の脇には高性能パソコンが何台も並べられ、スキャン画像の処理にあたっていた。

オルニトミムスの頭骨標本を持ち込んだ人物、カナダのダーラ・ザレニツキー博士が真剣な顔でモニターを見つめている。トイレから戻ってきた私に冗談交じりの笑顔で反応したのは、良い結果が得られたためだろう。

マイクロＣＴスキャンは物質の密度の違いから、内部構造を映し出す。「マイクロ」という言葉が付いているのは、通常のＣＴスキャンよりも高解像度でスキャンができるためだ。カナダにも同性能のマシンがないわけではないが、古生物標本のスキャンに理解とノウハウがある同館のマイクロＣＴスキャンを求めて、試料を持ち込む研究者は少なくない。海外から化石を運ぶ手間を考えても、効率的かつ経済的と言える。

ＣＴスキャンで得られる画像はモノクロで、密度が高いほどより白く映る。現在の動物の骨であれば、内部構造を明瞭に観察することができるだろう。しかし、化石試料は注意が必要である。骨化石とその内部を充塡している土砂が同じくらいの密度を示す場合があり、ＣＴスキャンで良い画像が得られるかどうかは撮ってみないと分からないのだ。

くだんのオルニトミムスは、カナダ・アルバータ州で発掘されたほぼ完全な頭骨で、変形がほとんどない。スキャン画像を見ると、骨とそれを取り囲む母岩がきれいに分離できており、頭骨の内部構造もバッチリ観察できる。はるばるカナダから持ち込んだかいがあったようだ。元指導教官であるダーラの付き添いで来館していた私もホッとした。ちなみに、私も兵庫県丹波市から見つかった卵化石標本を持ち込んでいたので、今回は私の研究調査も兼ねている。

CTスキャンは、標本の断面写真を1枚ずつ、標本の端から端まで撮影していく。パソコン上でそれらの写真を合体させれば、立体画像としてデータが得られるわけだ。ただし、撮影や画像処理には時間がかかる。技術スタッフの坂田智佐子さんは最良のデータを得るために、条件をいろいろと変えて、何度もスキャンしてくれていた。そのため、昼過ぎから撮影を始めたものの、いつのまにか閉館時刻を迎えてしまっていた。

坂田さんが慣れた手つきでチェンバーに標本をセットして扉を閉めると、X線が照射されることを伝える甲高い警告音が鳴る。その音が、映画『サイコ』の殺人シーンの曲にそっくりで、ダーラは苦笑いする。閉館を迎えた博物館の薄暗い地下室で殺人シーンの曲が流れるので、不穏に思うのも無理はないかもしれない。映画音楽が好きな私だけはニヤニヤしていた。CTスキャンのメーカーは、わざと音を似せたのだろうか。刃物がこすれるような、甲高い不協和音が室内に響く。

ダーラが日本に来てまで観察したかったオルニトミムスの頭骨。CTスキャンによって、表面からは見えない、頭骨の内部の構造を観察することができる。内部には一体、どのような世界が広がっているのだろうか。

脳は化石に残るのか

ダーラは恐竜の卵化石の研究で世界的に有名だが、卵化石以外にもいろいろな研究をしている。あるときは北米初の羽毛恐竜を明らかにしたし、あるときは巨大なパキリノサウルスの頭骨を凍てつく10月の地層から発掘した。そして、いくつかあるプロジェクトのうちのひとつが、恐竜の嗅覚に関する研究だ。

恐竜の中には匂いに敏感な種がいただろうし、鈍い種もいただろう。現在の鳥類は一般に嗅覚がそれほど発達していないと言われている。飛翔する鳥類では、匂いよりも視覚の方が重要そうだ。では、鳥類手前の獣脚類恐竜たちではどうだったのだろうか。鳥類へと、嗅覚はどのように進化していったのだろうか。ダーラが嗅覚に興味を持った頃は、まだ、恐竜の嗅覚はよく分かっていなかった。新しい研究テーマを見つけ出す、ダーラの研究者としての嗅覚は敏感だったのだ。

ダーラは今回の来日以前から恐竜の嗅覚に関する研究に取り組んでいて、いろいろな恐竜の脳の構造を調べていた。普通、感覚の鋭さは化石には残らない。骨から感覚器官の鋭さを推定することは一筋縄ではいかない。そこでダーラが着目したのは、恐竜の脳の構造だった。とはいえ、脳は軟組織だから、脳が化石として残ることはほとんどない。恐竜の脳の構造なんて、どうしたらわかるの、と思われるかもしれない。ダーラがじっと見つめる先にはマイクロCTスキャンによる頭骨の断面画像がある。実は、恐竜の脳を知るヒントが、頭骨化石の中に残されているのだ。

これは本当に驚くべきことだなあと私はいつも感嘆してしまうのだが、脳を収めていた容器は化石として残る。先のオルニトミムスの頭骨の断面を見てみよう。後頭部の内部に大きな空間がある。ここが脳を収める場所である。この、脳を包む骨群のことを脳函と呼ぶ。頭骨はいろいろな骨が合体することで出来上がっているから、脳函もパズルのようにいくつかの骨で構成されている。脳は頭の奥深くでしっかりと守られているのだ。

脳そのものは失われてしまっているのに、脳函の形状を利用して脳の構造が分かるというのは不思議な感じだ。このことは、裸の透明人間が私たちには見えない一方で、服を着た透明人間だったらある程度体格が分かることと似ている。まあ、透明人間を見たことはないけどね。

カルガリー大学にあるダーラの実験室は、CTスキャン画像を解析するためのパソコンが置いてあり、「Amira（アミラ）」というソフトがインストールされている。学生だった私にとっては目玉がこぼれ落ちそうになるくらい高価なソフトである。ただし、貴重な頭骨を壊さないで内部を観察できるので、その価値は十分ある。

というのは、実は、脳の構造を観察するために、昔の研究者は少々荒っぽいやり方をしていた。脳函に直接石膏やゴムを流し込み、型を作っていたそうだ。型を取り出すために頭蓋骨を割らなくてはいけないし、そもそも貴重な化石の中に石膏やゴムを流し込まなくてはいけない。当時はそれしか方法がなかったし、多少の犠牲を払ってでも得られる科学的成果が大きければ、もうけはあったわけだ。しかし、ものすごく綺麗に保存された恐竜の頭骨を傷つけることは、研究者じゃなくてもためらわれるはずだ。

現在ではそんなリスクを冒さなくても、ＣＴスキャンがあればコンピュータ上で脳の型取りが作れる。「作れる」と言っても、これはパソコンの中での話である。パソコンの中で脳函を使って脳の鋳物の立体画像を作るのである。現在では恐竜の頭骨を壊す必要がなく、スキャンさえすればパソコン上で脳の型取りモデルが得られるわけだ。ただし、恐竜の頭骨は大きすぎてスキャナーの中に入らない場合がある。脳函だけが残った部分的な頭骨であれば、大きな頭の恐竜でもなんとかなるだろう。こうして出来上がった脳の鋳物は「エンドキャスト」と呼ばれる。

私がまだカルガリー大学で修士課程の学生だったころ、ダーラはよく実験室のAmiraを使い、いろいろな恐竜のエンドキャストを調べていた。私は恐竜の卵化石を研究するためにダーラの下にやってきているのに、なぜかダーラは卵以外の化石を研究している。一体これは、どういうことか。卵化石研究において、ダーラは世界的に知られたトップランナーである。それなのに、卵以外の分野に新規参入するのはなぜなのか、私は当時とても不思議だった。私の疑問をよそに、ダーラは鋭い視線でモニターのエンドキャストを確認していた。

脳とエンドキャスト

エンドキャスト（脳の鋳物）の話題に戻ろう。モニターの中のエンドキャストは、脳の形状をそのまま保存しているように見える。しかし、これまでに多くの研究者がそのことに疑問を持った。エンドキャストと実際の脳は、本当に形状や大きさがピッタリ同じだろうか。これは結構重要な疑問である。ある程度正確に脳の形状を反映していないと、脳構造の復元には至らないからだ。

答えを言ってしまうと、哺乳類や鳥類の脳は比較的ピッタリと脳函の中を満たしている。ただし、骨と脳の間には薄い膜や液体などの組織があるから、完全に一致しているわけではない。また、爬虫類では脳が脳函の空間の一定部分しか満たしていない場合もあるようだ。

恐竜の場合、真の脳の形や大きさが分からないから、どれくらいエンドキャストと一致しているかは不明である。形状をそこそこ反映していたとしても、エンドキャストは実際の脳よりもかなり大きい場合があり得る。そこで過去の研究は現生動物を参考に、エンドキャストの容積の半分（50％）を脳の容積として計算している。ただし、ワニ類などの現生動物をもっと詳しく調べてみると、結構この比率には幅があり、成長に伴って変化する値であることも分かっている。当然、恐竜でもバリエーションはあっただろうから、これは正解が分からない難問である。埒が明かないので、多くは50～60％あたりの比率を使っている。ごく最近では、十分成長したワニとニワトリの中間の値をとって、エンドキャスト容積の73％を脳の容積として鳥盤類恐竜の脳サイズを調べた研究がある。この点に注意して研究を進めれば、エンドキャストに基づいて恐竜の脳の形状や大きさを知ることができるのだ。

ツチノコ形の脳の構造

大学院生の頃、私はダーラの実験室に入り浸っていて、平日休日問わずほとんどの時間を実験室で過ごしていた。実験室には卵殻化石をたくさん収めたキャビネットが壁を占有していて、テーブルには光学顕微鏡が2台ある。卵化石を研究する理想的な空間だ。大学院生になったばかりの私にとっては楽しくて仕方がなく、気になる卵殻化石を手あたり次第観察する日々を送っていた。

朝、いつものように実験室で作業をしていると、コーヒーを持ったダーラが入ってくる。

「ハイ、コーヘイ、引っ越し先での生活には慣れた?」

ダーラとの会話は世間話から始まり、徐々に研究の話題へと変わっていく。

「ところで、研究の方はどう? 卵殻のガスコンダクタンス(水蒸気の通りやすさを示す物理的な指標)のデータはどれくらい集まった?」

ダーラは物腰柔らかで穏やかだが、研究に対してはとても厳しい。完璧主義ではないが、研究に対して一切の妥協を許さない。たっぷりと時間をかけて熟考し、論理性におかしな点はないか確認していくタイプだ。研究となると昼夜問わず考えている。当然、学生の研究に対しても厳しく、私が持ち込む論文の原稿になかなかOKを出してくれない。そのかわり、一緒に考えてくれ、時間とエネルギーを費やしてくれていた。研究に真摯に向き合う姿勢は、大学院生だった私のロールモデルになっていた。

ダーラはこの頃、恐竜の嗅覚に関する研究の仕上げを行っていて、原稿をじっとチェックする日々が続いていた。私との研究の打ち合わせが一段落すると、いろいろな恐竜のエンドキャストを見せてくれた。学生の私でも一研究者として対等に扱ってくれ、研究の議論をしてくれるのが嬉しい。

ダーラは主に獣脚類の脳を調べていた。獣脚類の脳は前後方向に伸長していて、ホイッスル形をしていたり、わさびのような形をしていたり……、形状は様々だ。横から何本か管も出ている。

言わずもがな、脳は体の司令塔であり、体中からの情報を集め、処理し、指令を下す。生命活動のコントロールセンターとも言える。絶滅してしまった恐竜でもヒトでも、脳の基本形や役割は同じである。

ここで簡単に、脳の部位をおさらいしたい。ティラノサウルスの脳を例に説明しよう。面倒であれば、ここは飛ばして読んでいただいても構わない。次節までひとっ飛びしてください。

ティラノサウルスの脳はずんぐりむっくりしたツチノコのような形をしている。脳は3つの領域、すなわち、前脳、中脳、菱脳に大分することができる。ツチノコの頭から胴体の前半までが前脳、胴体後半が中脳と菱脳にあたる。

前脳には嗅球や大脳、間脳が含まれる。一番前にあるのが嗅球で、ツチノコでいう頭の部分だ。嗅球は匂いをつかさどる領域で、嗅覚が鋭い動物でよく発達している。ダーラの関心は嗅球の大きさにある。ツチノコの胴体の前半、ぷっくりと膨らんでいる部位が大脳と間脳がある領域である。大脳は感覚情報を処理し、認識や知覚をするのが仕事だ。ヒトでは大脳がとりわけ大きい。間脳は感覚情報と大脳の中継地点であり、松果体や下垂体も含まれる。

続いて、ツチノコの下半身、ずんぐりむっくりしたお腹の後半には中脳と菱脳が位置する。中脳は主に視覚と関連した領域であり、視蓋と呼ばれる部分は翼竜類や一部の獣脚類で発達していたことが分かっている。かれらは視覚が発達していたのだろう。菱脳は延髄や小脳などが含まれる。延髄は体から様々な感覚情報を受け取る領域で、呼吸や循環などの生命維持に必須の中枢神経を有する。また、延髄には脊髄や様々な神経が接続している。小脳は平衡感覚や運動制御の役割を担っている。

う〜む、ムズカシイ。甘いものでも食べて脳を休めてください。ちなみにダーラはチョコレートが大好きで、私がチョコを食べていると敏感にそれを嗅ぎ分け、しょっちゅう横取りしていた。指導教官なのにあれはいかん。

あるときダーラに、なぜ卵化石研究だけでなく、嗅覚の研究まで行っているのか聞いてみたことがある。そしてその答えにとても驚いた記憶がある。

「私はもともと卵に興味なかったのよ。学生のときのテーマとして選んだけど、卵化石しか研究しないというわけではないの。これまで卵化石の研究ばかりだったから、ずっと他の対象も研究したいと思っていたのよ」

卵化石研究のトップランナーだったので、これからもずっと卵化石一筋で進むのかと思っていた。しかし、返ってきた言葉には、いつでも新しい研究に挑戦したいという意思があった。

正直、私にとって、ダーラの回答はとても新鮮だった。目からうろこだ。いや、恐竜学者風に言えば、目から羽毛の回答だった。私自身も卵化石を一貫して研究してきたので、このままずっと恐竜の繁殖を研究していくのではないかという予感があった。でも確かに、繁殖以外にも興味がある。他の研究分野にチャレンジすることも、大いに結構なのだ。留学中、ダーラは私にたびたび、卵だけ研究していると視野が狭くなるから、他の研究もした方がいいとアドバイスしてくれた。それが今のウズベキスタンの研究プロジェクトに繋がっている。研究の信念は持ちつつ、卵化石だけでなく、守備範囲を徐々に広げていくのだ。もしかすると、卵研究トップランナーのダーラが非卵研究を体現してくれたおかげで、卵化石以外の分野に飛び込んでいけるようになったのかもしれない。

嗅覚には2種類ある

さて、獣脚類の嗅覚の話を進めよう。匂いの能力を推測するには、嗅覚をつかさどる嗅球を調べる必要がある。嗅球は脳の前方にあり、ティラノサウルスではツチノコの頭に似た形をしている。脳の中で、結構大きな割合を占める領域である。ここで私は不思議に思う。

「嗅覚が優れているかどうかなんて、恐竜でどうやって調べるのですか」

ダーラ曰く、嗅球の大きさが重要なのだという。一般に、嗅球が相対的に大きな種ほど嗅覚が発達している。大きな嗅球にはたくさんの受容体があるからだ。

「ちなみに、嗅覚と言っても、能力は2種類あって、匂いに対する感受性の高さと、異なる匂いをかぎ分ける能力があるの」

恐竜の嗅球のサイズから分かるのは、主に後者だそうだ。匂いがもたらす情報はとても重要で、えさを探したり、敵を感知したり、個々を認識したり、道しるべに使ったり……とさまざまである。野生動物にとって、生きる上でとても重要な感覚だ。

そこでダーラは、いろいろな獣脚類のエンドキャストから嗅球を識別し、その相対的なサイズを調べた。相対的な嗅球のサイズというのは、大脳の最大幅に対する嗅球の最大幅の比である（厳密には体サイズも考慮している）。

その結果、ティラノサウルス科とドロマエオサウルス科で平均的な肉食恐竜を大きく上回り、嗅覚が発達していることが分かった。かれらは「超肉食」と呼ばれるほど、肉食性に特化したグループである。優れた嗅覚が狩りに役立っていただろうことは想像に難くない。もしかしたら、薄暗い中でも鼻を利かせて獲物を探すことができたのかもしれない。

ティラノサウルスは目が比較的前を向くように付いていて、ある程度立体視できたという研究があるから、視覚からの情報処理にも長けていたはずだ。ハンターとしての能力の高さには驚くばかり。恐るべし、ティラノサウルス。

一方、ダーラの調査で、オルニトミモサウルス類とオヴィラプトロサウルス類では嗅覚があまり発達していなかったことが分かった。かれらは肉食ではなく、雑食や植物食と考えられるグループだ。眼球が入るスペースが大きく、嗅覚よりも視覚に頼っていたのかもしれない。

現在の鳥類は、一般に嗅覚が発達していないと言われている。空を飛ぶので、嗅覚よりも視覚や平衡感覚の方が重要なように思える。しかし、ダーラの研究で、鳥類ちょっと前の獣脚類には鼻が利く種がいたことが分かった。だとしたら、嗅覚はいつごろ衰えたのだろうか。

次にダーラは、絶滅した鳥類も含めて嗅球を調べてみた。その結果、実は嗅覚は複雑な進化をたどっていたことが明らかになった。嗅覚の能力は、まず、鳥類直前のトロオドンやヴェロキラプトルなどの獣脚類恐竜のグループで拡大傾向にあった。しかし、鳥類へ移り変わるあたりの系統で一旦、停滞した。そして鳥類に至ってからは結構複雑で、系統樹を追っていくと、進化型のグループになるにつれ、拡大、停滞、縮小という傾向が見られたのだった。初期の鳥類ではもともと嗅覚が発達する傾向にあったため、もしかしたらそれが白亜紀末の大量絶滅期に有利に働いたかもしれない。ダーラの研究から、そんな嗅覚にまつわる進化の歴史が浮かび上がってきた。

頭の良い恐竜、トロオドン

ところで、ちょっと話は脱線するけれども、ダーラが調べたオルニトミムスは、頭骨の後方がゆるくカーブしていて、それなりに脳が大きかったように思えた。実際、ＣＴスキャンの画像からは、そこそこ大きな空間を観察することができる。脳が大きいということは、やはり頭が良かったのだろうか。

　恐竜の頭の良さで思い出すのが、トロオドンという恐竜である。トロオドンは全長2・4メートルほどの小型の獣脚類恐竜で、鳥類ととても近い関係にある。体のわりに脳の容積が大きいと言われていて、もし恐竜が絶滅しなかったら、ヒトのように高等な動物へと進化したのではないかと考えた研究者もいるほどだ。カナダの著名な恐竜学者であるデイル・ラッセル博士が思考実験として打ち出したそのビジュアルは、ヌルッとしていて、インテリなグレムリンのよう。う〜ん、かわいくはない。

　ちなみに最近、トロオドンという学名は無効で、ステノニコサウルスという学名こそ有効とする研究があった。トロオドンとされる標本群を調べてみると、2種類の恐竜が混ざっていたので、トロオドンという学名は放棄してステノニコサウルスとラテニヴェナトリクスとするという見解である。ただし、この見解は研究者の間で意見が一致していない。実際はステノニコサウルスよりもトロオドンの方が先に命名されているので、トロオドンに優先権があると主張する研究者もいる。現状では、多くの研究者が未だにトロオドンという学名を使っている。本書も広く一般的に知られているトロオドンという学名を使うことにしよう。

トロオドンは頭の良い恐竜、というイメージは結構いろいろなメディアに登場している。数年前に放送されたNHKスペシャルの恐竜番組で、トロオドンが虫を使って「魚を釣る」シーンがCGで描かれていた。捕まえてきた虫を小川に落とし、それに食いついた魚を捕食するのである。トロオドンの頭の良さを示す描写だった。「ほんまかいなー」と思ったけれども。トロオドンは道具が使えるほど賢かったのだろうか。ダーラのオルニトミムスよりも脳が大きかったのだろうか。

絶滅動物の頭の良さを知ることはとても難しい。ヒトですら、頭の良さを数値化するのは容易ではない。ペーパーテストではそれほど良い成績でないものの、地頭(じあたま)の良さに感心してしまう人物はいくらでもいる。一体、どうやって頭の良さを測ればよいだろう。

単純化した分かりやすい方法がある。体重に対する脳の大きさを使うのだ。そうすることで相対的な脳の大きさが分かる。このやり方は、体のわりに脳が大きい動物ほど頭が良い(認知能力が高い)という仮定のもとで成り立っている。最近では脳の大きさではなく、ニューロンの数の方がより良い指標ではないかという研究もある。いろいろご意見はあるかもしれないが、今回はシンプルに、脳の大きさを比較してみよう。

オルニトミムス、バンビラプトルは？

化石種を含めた脊椎動物の脳を研究していたハリー・ジェリソン博士は、脳の重さと体重には相関関係があることを見出した。大きい動物ほど脳が大きいという、分かりやすい関係だ。脊椎動物全体で見ても相関関係は存在するし、哺乳類や爬虫類などの各グループでグラフを作っても相関関係は存在する。興味深いのは、グループごとに比べたとき、爬虫類よりも哺乳類や鳥類の方が、データポイントが上の方にプロットされるということだ。これは、哺乳類や鳥類の方が、爬虫類よりも体のわりに脳が大きいことを示している。ということは、脊椎動物全体での平均値からどれだけズレているかを示せば、相対的に脳が大きいか小さいかを判断できそうだ。このズレのことを「脳化指数」といい、英語（Encephalization Quotient）の頭文字を取ってEQ値と呼ばれる。多くの哺乳類や鳥類は脳容量が脊椎動物の平均値よりも上に位置するため、EQ値が高い。ちなみに、脊椎動物の平均値ではなく、鳥の平均値や爬虫類の平均値を基準に用いる場合もある（それぞれ、bird と reptile の頭文字を取ってBEQ値とREQ値という）。詳しくは本章末の《コラム6》を参照してほしい。

この関係性を使えば、恐竜類でも客観的に脳の大きさ、ひいては頭の良さを比較する

図版11　さまざまな獣脚類恐竜の脳容量と相対値（REQとBEQ）の比較

恐竜	体重 (kg)	推定脳容量(ml)	REQ	BEQ
カルカロドントサウルス[1]	5000~7000	112~131.8	1.39~1.68	0.10~0.13
アロサウルス[1]	1400~2300	84.5~93.95	1.84~2.42	0.14~0.19
オルニトミムス[1]	125~175	87.9	7.15~8.60	0.61~0.74
ゴルゴサウルス[1]	1110	64.47	1.89	0.15
ナノティラヌス[1]	240~280	55.59	3.51~3.80	0.29~0.32
ティラノサウルス[1]	4312~7000	156.8~207.1	1.66~2.57	0.12~0.19
バンビラプトル[1]	6.58	14	6.99	0.63
ラテニヴェナトリクス[2]	41~60	49	7.2~8.9	0.64~0.80
トロオドン[2]	45~66	45	6.5~7.6	0.55~0.69
始祖鳥[1]	0.47	1.60~1.76	3.45~3.79	0.36~0.40

出典：[1]Hurtburt (2013); [2]Varricchio (2021)

ことができる。脳の容量はエンドキャストから見積もることができる。そこで古生物学者たちは、いろいろな恐竜類のEQ値を求めた。比較的最近の研究から、グラント・ハールバート博士らの結果を図版11に示そう。

この表では、さまざまな獣脚類恐竜のREQ値とBEQ値が示されている。REQ値が1のとき、同じ体重の爬虫類の脳容量と同じであることを示している。例えば0・5のときは脳の容量が爬虫類の半分、2であれば爬虫類の2倍という意味である。ちょっとややこしいので、大きい値ほど相対的に脳が大きいと思ってもらえればよい。鳥類の場合（BEQ値）も考え方は同じだ。

ちなみに、ヒトは脳の容積が1400ミリリットルほどと言われているので、ＲＥＱ値とＢＥＱ値はそれぞれ２０６と18になる（体重60キログラムとする）。体重を考慮しても、ヒトは爬虫類の２００倍以上、鳥類の18倍もある脳を持っていることになる。

さて、この表を見ると、トロオドン科やオルニトミムス、バンビラプトルは体のわりに脳が大きいことが分かる。ＲＥＱ値がとても高く、相対的に爬虫類よりもずっと大きな脳を持っていた。ＢＥＱ値が１に近いので、鳥類にもせまる値だ。もしこの見積もりが正しいとしたら、一部の獣脚類恐竜はそこそこ現生鳥類に近い知能を持っていたかもしれない。

興味深いのは、トロオドンよりもオルニトミムスやバンビラプトルの方が、若干だが値が大きいという点だ。もちろん、測定誤差や他の影響の可能性もあるが、一番頭が良い恐竜と思われていたトロオドンよりも相対的に大きな脳を持つ恐竜がいたとは驚きである。

トロオドン研究で知られるアメリカのデーブ・ヴァリッキオ博士が、最近になってトロオドンとその近縁種（ラテニヴェナトリクス）の値を更新している。最新のデータに基づいて再計算したところ、かれらのＲＥＱ値は６・５〜８・９、ＢＥＱ値は０・55〜

0・80となった。今のところ、トロオドンやラテニヴェナトリクスが最も大きな脳を持つ恐竜と言える。トロオドンのなかまの相対的な脳容量は、ダチョウやエミューなどの飛べない鳥（古顎類という）とだいたい同じくらいだそうだ。

ただし、だからといってトロオドンは道具が使えたかどうかを判定するのは難しい。最近では、鳥に加えてワニも道具を使う行動が報告されている。系統的にその間に位置する恐竜類、特に可動域が広くて自由になった前あしを持つ恐竜が道具を使った可能性はあり得る。

ところで、絶対的な脳の大きさで言えば、ティラノサウルスが恐竜界最大の脳を持つ。脳の容量は160～200ミリリットルほどと見積もられている。これは玉ねぎ1個分の重さに相当する。相対的な脳のサイズはトロオドンなどの鳥類に近縁な獣脚類には及ばないものの、恐竜類の中では比較的大きな脳である。相対的な脳の大きさは獣脚類恐竜で徐々に増加していき、鳥類に至ってからはさらに巨大化したと考えられている。

鳥盤類や竜脚類恐竜は、概して獣脚類ほど大きな脳を持っていなかったようだ。体の大きな竜脚類では、相対的な脳のサイズが非常に小さい。パキケファロサウルス類、あるいは鳥脚類の系統では相対的に脳容量が大きくなる傾向がある。最近報告されたプロアというイグアノドンのなかまは特に大きく、REQ値が4・9、BEQ値が0・4ほどもある。大きな脳が必要だったのは、群れで行動していたためではないかと解釈されている。

早成性と晩成性

相対的な脳の大きさは、同種であっても幼体と成体で異なる。幼体、つまり子供の方が体のわりに頭が大きいので、脳も相対的に大きくなるわけだ。これは現在のワニ類で知られているし、恐竜でも似たような傾向が見られる。種ごとに脳容量を比較する時は、成体だけを扱う必要がある。同一種のなかで、成長に伴って相対的な脳のサイズはどのように変化するか、というのも興味深いテーマだ。

現生鳥類で面白い研究がある。鳥類のヒナの場合、孵化直後の脳の発達具合は早成性の種と晩成性の種で異なるそうだ。早成性というのは、ニワトリのヒヨコのように孵化後しばらくしてすぐに動き回れる成長パターンのことである。一方、晩成性というのは、ツバメのヒナのように目も開かず、丸裸の状態で孵化し、親の手厚い保護が必要なパターンを指す。それぞれメリットとデメリットがあるため、一概にどちらの成長戦略が良いとは言えない。孵化したときは、ヒヨコのような早成性の種の方が脳は大きい。ツバメなどの晩成性の種では脳が小さいまま孵化するが、親の世話によってそのハンディを補うことができるし、孵化後に脳は急速に発達する。最終的には、早成性の種よりも大きな脳を持つようになるのだ。

ダーラが国立科学博物館でスキャンしたオルニトミムスの頭骨は、実は幼体である。成体（全長3・4メートル）に比べて、いくぶんか小さく、全長は1・5メートルほどだったと考えられる。目の孔（眼窩という）が大きく開いているので、ヒトやいろいろな動物と同じように、くりくりの大きな目をしていたのだろう。生きていたときはさぞや可愛かったに違いない。

オルニトミムスでは、どのような成長パターンをたどったのだろうか。国立科学博物館でCTスキャンをしていたとき、ダーラは既に嗅覚の論文を発表し、研究は一段落ついていた。それでも新たな疑問を抑えることはできず、こうして研究を続けていたのだ。研究に終わりはない。このオルニトミムスの幼体の頭骨も、今後いろいろな仮説へと昇華していくことだろう。

卵化石以外の研究をしていると、巡り巡ってそれが繁殖研究に戻ってきてしまうことがよくある。今回も脳の研究と言いつつ、ダーラはオルニトミムスの幼体のことを考えている。繁殖研究で培った知識と、脳の研究を合体させようというのだ。

他分野の研究は、意外と繁殖研究と関連しているし、逆に言えば繁殖研究の知識を他の研究に生かすこともできる。研究は往々にして繋がっている。

今回スキャンしたオルニトミムスの幼体から、恐竜の繁殖に関する新たな展開があるかもしれない。無限の可能性を秘めた頭骨化石を、坂田さんが再びＣＴスキャンのチェンバーにセットした。一体、今度はどんな結果が得られるだろう。

坂田さんが扉をロックすると、おまちかねの『サイコ』の殺人メロディーが流れた。私たちはそれを聞いてワクワクした。

《コラム６》脳化指数を計算しよう

体の大きさに対して、脳がどれだけ大きいかを知るには、縦軸に脳容量を、横軸に体重を取ってグラフを作り、いろいろな動物をプロットすれば良い。全体的な傾向として、体が大きな動物ほど脳が大きくなる比例関係を見出すことができる（高い相関関係があるともいう)。ただし、中には比例直線(回帰直線)から飛び出して、例外的に脳が大きな動物や小さな動物がいる。例えばヒトの脳の大きさは同等の体サイズの動物に比べてずっと大きい。この、平均的な動物の脳容量からのズレを脳化指数と呼び、相対的な脳の大きさを示す指標として使われている。英語では、Encephalization Quotient という、頭文字を取ってEQと略される。EQ値が高いほど、相対的に脳が大きな動物である。

鳥類の平均からのズレはBird Encephalization Quotient(BEQ)という。ある研究者は鳥類だけでグラフを作り、相関関係を見出して、以下のような回帰式を導いた。

$$\log MBr = 0.590 \times \log MBd - 0.930$$

ここで、MBr は脳重量(グラム)で MBd は体重(グラム)である(多くの研究は、脳重量=脳容量と仮定している)。$\log$ は底が10の常用対数である。この式に体重を代入すれば、その体重の鳥類が持つ脳重量を計算できる。例えば、体重500グラムだったら、

$$\log MBr = 0.590 \times \log 500 - 0.930 \cong 0.590 \times 2.699 - 0.930 \cong 0.662$$

となる。これを普通の数字に戻すと、

$$10^{0.662} \cong 4.60$$

だから、体重５００グラムの平均的な鳥が持つ脳重量は約４・６グラムと推測できる。体重５００グラムと言えば、おおよそ始祖鳥の体サイズだ。始祖鳥は頭骨化石の調査により、脳重量が１・76グラムであることが分かっている。平均的な鳥の推定値（４・６グラム）よりもずっと小さい。鳥の脳化指数（ＢＥＱ）は、

BEQ ＝実際の脳重量／鳥の回帰式によって予測された脳重量

として表されるから、BEQ=1.76/4.6=0.38となる。つまり、ＢＥＱを用いると、始祖

鳥の脳容量は鳥の平均の４割弱しかないことが分かるのだ。同じように、爬虫類の平均からのズレを示す場合は Reptile Encephalization Quotient（ＲＥＱ）が使われる。爬虫類の脳重量と体重の回帰式は以下のように表される。

$$\log MBr = 0.553 \times \log MBd - 1.810$$

この式に体重５００グラムを代入すると、平均脳重量０・４８１グラムが得られる。鳥類の平均は４・６グラムだったから、同じ体重の爬虫類はずっと小さな脳を持っていることが分かる。先ほどの始祖鳥を使ってＲＥＱ値を求めると、REQ=1.76/0.481=3.66となるから、始祖鳥は爬虫類よりもずっと大きな脳（平均的爬虫類の３６６％！）を持っている計算になる。

このようにして、いろいろな絶滅動物で相対的な脳サイズが比較されている。計算はややこしく感じるかもしれないが、考え方はとても単純だ。皆さんも恐竜の頭骨を発見した場合は利用されたし！

７章　恐竜の一番大きな卵化石は？

『ぞうのたまごのたまごやき』再考

これは遠い遠い外国のお話。あるとき、王さまに元気な赤ちゃんが生まれた。卵のようにまるまるとした男の子だ。誕生の祝いとして、王さまは国民を招いてお祝い会をすることに。さて、ご馳走は何が良いだろう。王さまの大好物は玉子焼きだ。そうだ、温かくてふんわりと大きな玉子焼きを振る舞おう。

みんなにお腹いっぱいになってもらうには大きな卵が必要だ。ニワトリの卵ではいくらあっても足りない。大臣たちは困ってしまった。そこで王さまは厳かに言った。

「ぞうのたまごをもってくればいいではないか」

なるほど！　かくして、家来たちはゾウの卵の捕獲に向かうのだった。

これは、寺村輝夫作の絵本『ぞうのたまごのたまごやき』（福音館書店）の冒頭のストーリーである。鎧を身にまとった家来たちはゾウの卵を探しに出かけ、その間、城を守る家来たちは山のように大きなかまどとフライパンをこしらえる。家来たちの右往左往する姿が可笑しい。

そんな家来の努力もむなしく、結局、どんなに探してもゾウの卵は見つからなかった。読者の皆さんはお分かりだろう。ゾウは胎生だから、卵を産まないのだ。

しかし、恐竜の卵化石を専門とする筆者は、はは〜んと気が付いた。

「王さま、恐竜の卵があるではないか！」

爬虫類の系譜を継ぐ恐竜は卵を産む。硬い卵殻化石が世界中の地層から見つかっている。そして本書を読んでくれた読者ならご存じの通り、ある種の恐竜たちはゾウよりもはるかに大きいのだ。恐竜の卵ならば王さまの願いを叶えてくれるはずだ。

かくして、筆者は畏れ多くも王さまに謁見した。

「上様、それがしは必ずや巨大な卵を持って帰りましょう。そして山のように大きな玉子焼きをこしらえ、民衆の胃袋をつかんで見せましょう」

万事成功の暁に、きっと王さまは言うに違いない。

「康平之麻呂、大儀じゃった。そなたには褒美を遣わすぞ」

ムフフ、これぞ明るい未来！　そういうわけで筆者は世界最大の恐竜卵を探しに、旅に出ることにした。

恐竜卵の基本

出立の前に、まずは卵化石の基本をおさらいしておこう。現在、恐竜の卵化石は１６０種類程度が知られている。２０１６年までに、恐竜の骨格化石は１１２４種が認識されているから、卵化石の種類はそれほど多くない。ただし、注意していただきたいのは、１６０種類というのは卵化石に与えられた学名であり、恐竜の（骨格の）種数と同一に扱ってはいけないということだ。

どういうことかと言うと、卵化石は骨化石とは別に分類され、骨化石とは対応していないのだ。卵化石だけが見つかると、それを産んだ恐竜が何かは分からない。卵の中に赤ちゃん（胚）の骨格が入った化石や、卵をお腹に宿した母親恐竜の骨格化石が見つかれば、卵とその恐竜を紐づけることができる。ただし、ほとんどの場合は卵化石だけが見つかるから話はややこしい。

そういうわけで、卵化石は独自の学名が付けられる。卵化石といっても、卵黄や卵白などの軟組織が化石になることはまずない。通常、硬い卵殻だけが化石として残る。硬い炭酸カルシウム（正確には方解石という鉱物）の卵殻を顕微鏡で観察すると、微細な結晶構造が確認できる。卵の形や大きさ、殻の厚み、結晶構造が似ているもの同士をまとめて「卵科」とし、その下位分類に卵属、卵種と続く。このようにして卵化石は分類され、前述の通り160種（正確には卵種）が見出されている。ただし、最近ではウミガメの卵のように、柔軟な卵殻を持つ恐竜も報告されている。プロトケラトプスやマッソスポンディルスなどである。

　恐竜の骨格化石には、学名に「○○サウルス（＝トカゲという意味）」とか「○○ドン（＝歯という意味）」、「○○ラプトル（＝どろぼうという意味）」などが使われることが多いが、卵化石の場合には「ウーリサス」がよく使われる。「ウーリサス」とはギリシャ語で「卵の石」という意味だ。街中で「○○ウーリサス」と聞けば、「卵化石のことを話題にしているのだな」と思って差し支えない。

　卵化石とともに骨化石が一緒に見つかれば、親恐竜との対応関係は判明する。これまでに対応関係が分かっているのは、ハドロサウルス類（ヒパクロサウルスやマイアサウラなど）、ケラトプス類（プロトケラトプス）、初期の竜脚形類（マッソスポンディルスなど）、竜脚類（ティタノサウルス類）、原始的な獣脚類（トルヴォサウルスやロウリンハノサウルス、アロサウルスなど）、進化した獣脚類（テリジノサウルス類、オヴィラプトロサウルス類、ドロマエオサウルス科、トロオドン科など）である。対応関係が分かっていれば、たとえ卵化石が単体で見つかっても、だいたいどの親恐竜なのかは推定可能だ。ちなみに、対応関係が判明したとしても学名は変わらないので、卵と親恐竜では別々の学名が付くことになる。

卵の重さを推定せよ

続いて、恐竜の卵の重さの推定方法を伝授しよう。卵化石から、生卵だった時の重さ（卵重）が分かれば、ニワトリの卵何個分とか、玉子焼きにしたら何人前とか、比較がしやすい。ちなみに、ニワトリの卵重はだいたい60グラムだ。本章ではニワトリの卵2個分を玉子焼き1人前としよう。

卵の重さの推定には、ニューヨーク州立大学のドナルド・ホイット博士が1979年に考案したとても有名な式がある。現生鳥類の卵を基にしていて、卵重は卵の長さと幅から簡単に計算できる。式は本章末の《コラム7》に載せてあるので、興味のある読者

図版12　卵の湾曲度合いを使った半径の求め方

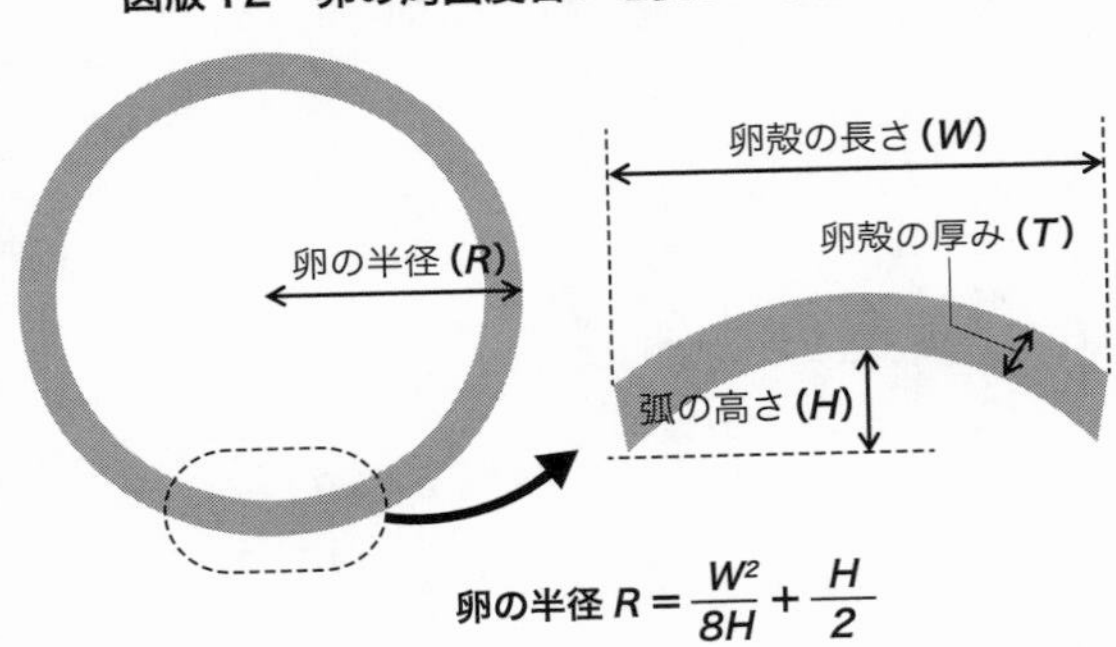

$$卵の半径\ R=\frac{W^2}{8H}+\frac{H}{2}$$

は確認してほしい。ノギスかものさし一つあれば計算可能だ。あなたの冷蔵庫のチキン卵は、この式を用いてキチンと重さが一致するだろうか。

この方法のほかにも、卵の体積を割り出してから卵の密度を掛けて計算するなど、いくつか推定法がある。どの方法を使っても結果に大きな違いはない。同じ巣に産み落とされた卵でも若干サイズに違いはあるし、化石化する過程で潰れてしまい、長さの計測が大雑把にならざるをえない化石もあるから、方法の選択はそれほど神経質になる必要はないように思える。

ちなみに、卵殻の破片だけの場合、推定はとても難しい。例えば、卵殻の湾曲度合いから数学的に半径を割り出すやり方がある（図版12）。私の学生は、岐阜県から見つかったカメ類の卵殻化石の卵の大きさを調べるため、卵殻のわずかな湾曲を利用してサイズを推定した。この方法では、球体の卵の破片であればうまく推定できそうだが、細長い卵だと正確に割り出すのは難しくなる。

卵重を卵殻の厚みから推定する方法もある。これは筆者が考えた方法だ。普通、大きな卵ほど殻が分厚くなると考えられる。そこで殻の厚みと推定卵重とで回帰式を計算してみたところ、オヴィラプトロサウルス類の卵（エロンガトウーリサス卵科という種類）とトロオドン科の卵（プリズマトウーリサス卵科という種類）で相関関係が得られた。つまり、殻の厚みと卵の重さには比例関係があるから、殻の厚みを計測すればおおよその卵の重さが分かるという仕組みだ。２章のキューパニクスと一緒に見つかった卵殻化石の卵重は、この方法を用いている。破片だけでも、ある程度情報は引き出せるものだ。

とても面白いことに、ハドロサウルス類の卵（スフェロウーリサス卵科という種類）では、殻の厚みは卵の重さと比例しないことが分かった。これはなぜだろう。先のオヴィラプトロサウルス類とトロオドン科は抱卵したと推測される恐竜である。抱卵する場合、親の体重に耐えうる強度が殻に必要であり、そのため、殻の厚みと卵重に相関関係があると解釈できる。一方、ハドロサウルス類はワニ類と同じように、卵を巣材の中に埋めたとされる恐竜である。抱卵しない恐竜では、ある程度の強度さえあれば、過剰に分厚い殻は必要ないのかもしれない。これは興味深い事実だ。

さあ、これで卵化石の分類の仕方と卵化石の生きていた時の重さの推定方法が分かった。準備は整った！　世界一大きな恐竜卵を探しに出かけよう。

再びモンゴルへ！

ここで筆者は世界地図を広げた。中国やモンゴル、インド、アメリカ、カナダ、アルゼンチン、そしてスペインやフランス、ルーマニアなどは恐竜卵化石の一大産地である。世界最大の卵化石はどこにあるだろう。その卵から作る玉子焼きはいったい何人前になるだろう。是非とも運動会の大玉ころがしくらいある卵を見つけ、王さまを驚かせたい。私は早速旅立った。

まずたどり着いたのは、モンゴルのゴビ砂漠である。4章では、モンゴルの野外調査でアレクトロサウルスと思われる恐竜化石を発掘したエピソードを紹介した。あのとき、私には二つの目的があった。一つは肉食恐竜の進化を研究するため、ティラノサウルス類の痕跡を見つけること。運よく、アーリベクダグ地域でアレクトロサウルスらしき化石を見つけたことは既に述べた通りだ。もう一つの目的は、恐竜の繁殖を調べること。この目的については、まだお話ししていない。

アレクトロサウルスの発掘を終え、再度私たちは車を走らせ、もう一つ別の発掘地、シルートウールへ移動した。この産地からは恐竜の卵化石が見つかっている。もしかしたら、世界最大の卵化石が見つかるかもしれない。話を野外調査時に戻そう。

シルートウールには、アーリベクダグと同じ時代（白亜紀後期）の地層が広がっていた。景色はアーリベクダグと大きく異なる。ベースキャンプから3キロほど歩くと、燃えるように赤い岩石が鋭利な丘を生み出し、壁のように立ちはだかっていた。小林先生たちは以前の調査で、この丘から卵化石を探し当てている。ベースキャンプに留まる小林先生を後に残して、今日は、日がな一日卵化石を探して過ごそう、私はそう決めた。

しかし、アレクトロサウルスらしき化石を見つけた時のように、事はうまく運ばなかった。灼熱の丘をさまようこと数時間。卵化石が埋まっている丘であることは分かっているのに、なぜか破片すら見つからないのだ。卵化石研究者として、由々しき事態である。負けるわけにはいかない。

二枚貝化石ならそこら中に落ちていた。二枚貝の破片は卵殻とよく似ていて、「あ、卵殻だ」と思って拾い上げるものの、「なんだ、二枚貝か」を幾度となく繰り返した。二枚貝の破片は厚みが一定じゃないし、断面が層状になっているから違うとすぐに分かる。

ただし、二枚貝が見つかるということは、けっして悪いことではない。卵化石も同じく炭酸カルシウムを主成分としているから、卵殻も溶けずに地層中に保存されていることを示しているからだ。西日が背中を押し、私は地面に這いつくばって化石を探した。

すると、ぼろぼろの泥岩の中に、薄い破片を見つけた。手に取ってみると、殻の厚みは均一で、断面に縦の筋模様が見える。二枚貝の破片ではない、卵殻だ。淡いクリーム色をしていたが、私にはそれが輝いて見えた。ようやく見つけた1枚だった。落ち着いてあたりを捜索すると、さらに何枚か卵殻化石が見つかった。とりあえず卵殻化石研究者の面目は保たれ、私は安堵した。

すると、私の目の前に1台の車が現れた。サングラス姿の小林先生が颯爽と降り立ち、

「どう、見つけた?」とクールに聞いてくる。

「ありましたよ、ほら!」

私は自信満々に卵殻化石を手渡した。

「ただの破片じゃん！　なんで卵を見つけてないの！　ていうか、ここじゃなくてこっちだよ！」

そう言い放ち、小林先生は私を卵スポットに連れていく。なんで詰め寄り口調やねん。小林先生が教えてくれた場所は、確かに卵殻片が散らばっていた。小林先生が卵殻を拾い上げると、すかさずＮＨＫのカメラマンがその様子を捉える。しかし、残念ながらこの日、卵化石は見つからなかった。

それから何日間か、私は卵化石スポットに通い続けた。卵化石ではなく、二枚貝化石ばかり見つかるので、しまいには「また潮干狩りかい？」と揶揄される始末である。完全な卵化石を見つけるのは、翌年以降に持ち越しとなった。

夜、ベースキャンプで拾った卵殻化石を詳しく調べてみた。ハンドレンズで観察し、ノギスで厚みを計測する。表面のテクスチャーや断面の構造から、ハドロサウルス類と竜脚類の卵殻であることが分かった。破片の厚みは竜脚類の卵殻で１・２ミリメートル、ハドロサウルス類の卵殻で３ミリメートル前後である。ダチョウの卵殻が約２ミリメートルであることを考えると、さほど分厚い卵ではない。過去に同じ場所でハドロサウルス類の卵化石を発掘した小林先生によれば、卵は球形で、大きなおはぎくらい（直径7～8センチメートル）しかないとのこと。仮に直径8センチメートルの球体だとしても、生きていた当時の卵重は300グラム弱になり、玉子焼きにしたら2・5人前だ。残念ながら、大玉ころがしのように大きい卵ではない。王さまはきっと満足しないだろう。

この地域の卵殻化石は詳しく研究されていない。なぜ、二枚貝と一緒に見つかるのかというのは興味深いテーマだ。水辺で産卵していた可能性が考えられる。今後、地層を詳しく調べることで、かれらが好んでいた巣づくり環境が分かるかもしれない。将来の研究テーマとして残しておきつつ、次の旅に出かけよう。

再びアルバータ州へ！

たどり着いたのはカナダ・アルバータ州である。フランソワ・テリエン博士と足跡化石を研究し、T先輩のウ○コに遭遇した、州南部ミルクリバーでの野外調査。私たち調査隊一行は、ミルクリバーの後に、悪魔の峡谷（デビルズ・クーリー）と呼ばれるエリアに向かった。なぜこんな恐ろしい地名なのかは分からないが、ここはアルバータ州を代表する恐竜の卵化石産地として知られている。

高台から眺めた感じでは、アルバータ州の他のバッドランドと景色に大差はない。穏やかな起伏の地層が広がっている。しかし、恐竜の巣化石や赤ちゃん化石がたくさん見つかるのはここデビルズ・クーリーだけなのだ。デビルズ・クーリーにはいくつか化石産出ポイントがあって、いつ行っても数種類の卵殻化石が散らばっている。

デビルズ・クーリーで卵殻を探すのはとても楽しい。ここから見つかる卵殻はどれも茶色や黒色をしているが、表面の模様を見ればどの種類の卵殻か判定することができる。表面がツルツルしていて滑らかなのはトロオドンの卵殻（卵の分類はプリズマトウーリサス）だし、ツブツブ模様があるのは小型獣脚類の卵殻（卵の分類はコンティニュウーリサス）である。中には、網目状に彫刻したようなとても美しい卵殻（卵の分類はスフエロウーリサス）もある。これはマイアサウラ（ハドロサウルス類）の卵殻だ。モンゴルでも同じくハドロサウルス類の卵殻が見つかったが、こちらには表面に模様がある。すぐ南のモンタナ州ではマイアサウラの集団営巣跡も報告されているから、アルバータ州でも同じように巣づくりしていたのだろう。マイアサウラの卵は約11×8センチで、推定卵重は390グラム（玉子焼き3人前）だ。ひと家族で食べきれる大きさだ。

「ほら、コーヘイ、ここはヒパクロサウルスの巣や赤ちゃん化石が見つかったスポットだよ」

今度はフランソワがヒパクロサウルスの発掘現場に連れてきてくれた。四つん這いになりながら化石を探すと、とても小さな骨が落ちているではないか。円柱状で、クッピーラムネくらいの大きさしかない。恐竜の赤ちゃん、それも背骨だ。骨はとても多孔質だった。赤ちゃんは急速に成長するから、栄養が行きわたるよう、スポンジのようになっているのだ。状況から考えて、ヒパクロサウルスの赤ちゃんだろう。小指の先よりも小さなこの骨の持ち主が、何トンにもなる大型恐竜に成長するなんて、にわかには信じられない。

デビルズ・クーリーで発掘されたヒパクロサウルスの卵化石は、ロイヤル・ティレル古生物博物館に収蔵されている。後日、卵化石を計測させてもらいに行った。丸い卵がつぶれて、ランダムに並んでいる。大きさが不ぞろいなのは、何を意味しているのだろう。卵は平均すると20×18・5センチ、推定卵重3・75キログラム。玉子焼き30人前だ。大玉ころがしほどではないにしろ、結構大きい。同じハドロサウルス類のマイアサウラの卵と比べると、こちらは10倍ほども大きい。同じグループの恐竜でも、繁殖戦略が違うというのはとても興味深い。今のところ、ヒパクロサウルスの卵が北米で最大の恐竜卵化石である。

再び中国河南省へ！

ここで一旦、アジアにも目を向けてみよう。日本では1990年代から恐竜の卵殻化石がちらほら報告されているが、最近になってその数が増えている。化石が見つかっているのは、石川県、福井県、岐阜県、兵庫県、山口県、熊本県の6県で、特に兵庫県丹波市からは6種類も報告されている。白亜紀前期の化石産地で、一か所からこれだけの種類の卵殻化石が見つかるのは世界でも丹波市だけである。

ただし、丹波市の卵殻化石は小さな破片が多く、全体像を復元できるものがほとんどない。唯一大きさが分かるのは、ヒメウーリサスと名付けられた卵化石である。獣脚類の卵だろうことは卵殻の構造から判明しているが、具体的なグループは特定できていない。卵は細長い形状を留めており、卵の中がどうなっているかは外見からは分からなかった。もしかしたら、中に赤ちゃん（胚）化石が入っているかもしれない。そうなれば大発見だし、親恐竜の種類も検証できる。胚化石はレアな化石だが、丹波市からはカエルの全身骨格など、繊細な小動物の骨化石が多数見つかっているので、胚化石の発見はあり得ないことではない。

早速、私は国立科学博物館のスタッフの坂田智佐子さんに連絡し、マイクロCTスキャンを使わせてもらえないか問い合わせた。ちょうど、ダーラ・ザレニツキー博士がオルニトミムスの頭骨をもって来日するタイミングだったから、一緒にスキャンしてもらおうという魂胆である。

ダーラの標本撮影の合間を見て、ヒメウーリサスもスキャンさせてもらう。坂田さんがチェンバーに卵化石をセットし、扉を閉める。おなじみの『サイコ』の殺人メロディーが鳴り、私の胸は高鳴った。

モニターに映し出された透過画像には……残念ながら、骨化石は見当たらなかった。内部は土砂で満たされていて、卵殻の破片が混ざっている。胚の骨化石が見つかることはとても稀なことだから、仕方がない。いつか、ヒメウーリサスの骨化石が見つかることを期待しよう。

ヒメウーリサスは長さ4・5センチ、幅2センチの卵化石である。生卵の時は重さが10グラム程度と見積もられる。ウズラの卵くらいしかないから、玉子焼きにしても一口で終わってしまうサイズだ。ヒメウーリサスは世界最小の「鳥ではない恐竜卵化石」として、ギネス世界記録にも登録されている。これはこれで、すごい発見だ。しかし、王さまが欲している卵ではない。

ジュンチャンと行った中国河南省はどうだろう。答えを先に言ってしまうと、私は河南省地質博物館で世界最大の恐竜卵化石に出会ったのである。実は河南省は世界屈指の卵化石産地として知られていて、古くからいろいろな種類の卵化石が見つかっている。

世界最小の恐竜卵化石ヒメウーリサス

河南省地質博物館の展示室には、河南省から見つかった恐竜卵化石コーナーがある。ジュンチャンが言った。

「コーヘイ、自由に恐竜卵（コンロンダン）を研究していいぞ」

世界最大の恐竜卵化石は、厳重にガラス窓の向こうに展示してあった。卵が32個並んだ、巣の化石だ。バゲットのように細

世界最大の恐竜卵化石マクロエロンガトウーリサスの巣化石
（河南省地質博物館所蔵）

長い卵化石がドーナツのように円形に並んでいる。もちろん、人工的に並べたわけではなく、9000万年前に親恐竜が並べたものだ。

この化石はマクロエロンガトウーリサスという卵の学名が付けられている。2017年になって、卵と一緒にオヴィラプトロサウルス類カエナグナトゥス科の赤ちゃん化石が報告されたことにより、オヴィラプトロサウルス類の卵化石であることが確定した。親恐竜は体重2トンほどの二足歩行の恐竜である。オウムに似た顔をしていて、ダチョウのような体型だった。

私は博物館の館長に許可をもらい、こ

の巣化石を計測したことがある。巣の内側の直径は1メートルを超える。中心の空間では子供が寝ころべるほどだった。卵は平均して長さが41センチ、幅は15・5センチあった。推定される卵重は5・4キロである。この卵で玉子焼きを作れば約45人前になる。巣には32個の卵があるから、巣の卵を丸ごと使えば、約1400人前の目玉焼きが焼ける計算だ。これは相当大きい。

中国の古い文献を見ると、マクロエロンガトウーリサスは長さが34・5〜61センチとある。ただし、私は50センチを超える卵化石は見たことがないし、論文には60センチ級の卵化石の写真もなかった。中国各地の博物館でこの巨大卵を観察しているが、大きくてもせいぜい45センチくらい、卵重6・6キロくらいだ。60センチもある卵はちょっと信じられない。割れていたか、潰れた卵化石を計測してしまったのではないかと疑ってしまう。

どちらにしろ、マクロエロンガトウーリサスは大玉ころがしほどのサイズではない。残念ながら、王さまに献上するほどの卵ではなかった。

図版13　さまざまな卵化石の推定卵重

卵化石の学名	親(と考えられる)恐竜	推定卵重(g)
マクロエロンガトウーリサス・シーシャエンシス	大型のオヴィラプトロサウルス類	6593
スフェロウーリサス卵科？	ヒパクロサウルス	6312
メガロウーリサス・マミラエ	竜脚類	5446
デンドロウーリサス卵科	トルヴォサウルス	2836
ファヴェオルーリサウス卵科の所属不明卵種	竜脚類？	3196

出典：著者のデータ

お尻を観察してみれば

というわけで、残念ながら大玉ころがしくらいある巨大卵は見つからなかった。世界中で見つかった最大級の卵化石リスト（図版13）を載せておこう。これまでの最大はマクロエロンガトウーリサスの推定卵重6・6キログラムだ。これを産んだのは体重2トンほどの恐竜だと考えられる。

体重2トンと言えば、現在のメスのシロサイほどの大きさだ。シロサイは50キログラムの赤ちゃんを産むから、哺乳類と比べると、恐竜の卵は体の割にずいぶんと小さい。

ほかにも、骨格化石と卵化石の発見から、親と卵の大きさの関係が分かっている種がいくつかある（図版14）。例えば、竜脚形類のマッソスポンディルスの卵は親の体重の0・02%しかない。50キログラムのヒトが3キログラムの赤ちゃんを産む場合、赤ちゃんは親の体重の６％になるから、恐竜の卵はかなり小さいことが実感できると思う。マイアサウラの卵に至っては体重の０・０１１％しかない。

鳥類に近い系統の獣脚類（オヴィラプトロサウルス類やトロオドン科）では体重に対する卵の大きさはやや増加する（０・61〜０・76％）ものの、それでも１％に満たない。現生鳥類の多くの卵が親の体重の２〜11％だから、恐竜は体のわりにかなり小さな卵を産む動物だったと言わざるをえない。ゾウの卵の代わりに恐竜の卵を、という考えはそもそも間違っていたのだろうか。王さまに何て言い訳をしよう……。

もちろん、まだ巨大な卵化石が見つかっていないという可能性もある。しかし、恐竜のおしりの骨、つまり骨盤を見てみると、大玉ころがしほどもある卵はそもそも産めなかっただろうことが分かってくる。

恐竜を含め、爬虫類の骨盤はヒトと同じように腸骨、恥骨（ちこつ）、坐骨（ざこつ）という３つの骨でできている（図版15）。この３つの骨は輪っかのようになっていて、生きているときは輪っかの中を卵管が通っていた。卵管とは、メスの体内にあって卵を作る器官のことだ。当然、卵のサイズ（この場合、幅）は、骨盤が作る輪っかよりも小さくなるはずだ。そうでなければ卵は骨盤を通り抜けられない。アジア最大級の恐竜であるルーヤンゴサウルスの骨盤を計測してみると、幅が80センチほどあった。ということは、卵の直径は80センチよりも小さいはずだ。現生爬虫類では、卵と骨盤の輪っかの幅には相関関係があり、大きな動物ほど卵の幅は輪っかの幅よりもずっと小さくなる。このことから考えると、ルーヤンゴサウルスの卵は骨盤の輪っかよりもうんと小さかったはずだ。具体的な卵の大きさは研究中のため、今はヒミツだ。

ちなみに、竜脚類やハドロサウルス類は球体に近い卵を産んだが、鳥類に近い獣脚類恐竜の系統（オヴィラプトロサウルス類やトロオドン科）では、とても長細い卵を産んだ。ヒメウーリサスやマクロエロンガトウーリサスがバゲットのように細長い卵だったことを思い出してほしい。これは、幅に制限がありながらも大きな卵を産むための適応だと考えられる。骨盤によって卵の幅に限界があるなら、できるだけ細長い卵にしてやろう、というわけだ。それでも、同じ体サイズの現生鳥類と比べると、かれらの卵はまだ小さい。

輪っか状の骨盤は、初期の鳥類、例えばエナンティオルニス類という白亜紀に栄え、鳥以外の恐竜とともに絶滅してしまったグループでも確認されている。おそらく、かれ

図版14　卵重と親の恐竜の体重の比較

恐竜	親の体重（kg）	卵重（g）	親に対する卵重の割合（%）
マイアサウラ	3656.4	385.8	0.011
プロトケラトプス	82.7	194	0.235
マッソスポンディルス	487.7	118.37	0.024
シチパチ	74.8	566	0.757
ネメグトマイア	40.1	245	0.611
ビロノサウルス	22.5	189	0.840
トロオドン	51.4	314.2	0.611

出典：Varricchio and Barta (2015) などを基に著者が作成

図版15　輪っかの形をした爬虫類の骨盤

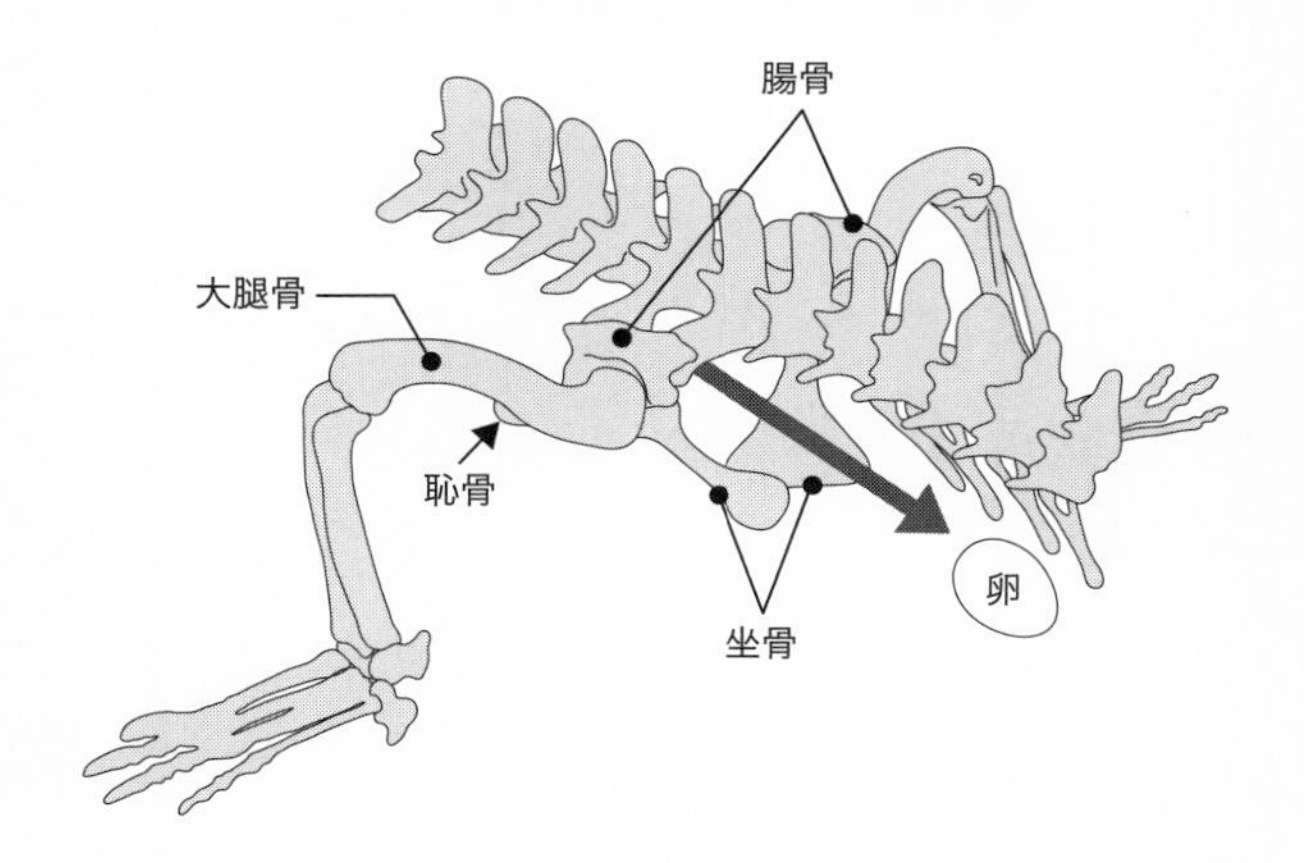

らも細長い卵を産んでいたのだろう。ただし、オルニトゥラエ類（イクチオルニス、ヘスペロルニス類、そして現生鳥類〔新鳥類〕などを含むグループ）と呼ばれる鳥類以降は、左右の恥骨や坐骨の遠位端の癒合が解消されて、つまり輪っかが解消されて、オープンな骨盤になる。卵サイズに制限がなくなり、比較的大きく、丸みのある卵が産めるようになるのだ。朝食のゆで卵を見て、恐竜時代から連綿と続く進化の歴史を感じ取ってほしい。ただし、現生鳥類の卵の形はとても多様で、二次的に細長くなった卵もある。

小さい卵しか産めないなら

骨格上の制約によって、恐竜たちは比較的小さな卵しか産めなかった。しかし、あの巨体で小さい卵とは、いささか効率が悪くはないだろうか。卵から孵化した赤ちゃんが成体になるまでは長い時間がかかる。例えば、ティラノサウルスでは繁殖可能になるまで（性成熟するまで）に少なくとも18年かかる。小さく産んで大きく育つのは、なかなか大変だ。

そこで恐竜たちがとった戦略は、たくさんの卵を産むことだったようだ。河南省地質博物館での展示室でも、ロイヤル・ティレル古生物博物館の収蔵庫でも、置いてある恐竜の巣化石には、たくさんの卵が詰まっていた。綺麗に保存された巣化石であれば、20～30個の卵が一塊になっていた。

一度に産む卵、あるいは一腹の卵のことを専門用語でクラッチといい、その卵の数をクラッチサイズという。恐竜の巣化石にある卵の数を数えてみれば、恐竜たちのクラッチサイズが分かる。

河南省地質博物館にあったマクロエロンガトウーリサスの巣化石には合計32個の卵が並んでいた。他の恐竜でも保存状態の良い巣化石の卵を数えてみると、ハドロサウルス類では16～22個、竜脚類で25～40個、原始的な獣脚類であるロウリンハノサウルスで34個、鳥類に近い獣脚類（オヴィラプトロサウルス類とトロオドン科）で24～35個あった。現在のワニ類のクラッチサイズは12～55個で、鳥類は一般に1～20個だから、恐竜のクラッチサイズはワニ類に似ている。

鳥類の中では、地面に巣をつくる種で比較的クラッチサイズが大きくなる傾向にある。例えば、キジカモ類などだ。地面に営巣する鳥では、孵化後、ヒナが比較的すぐに動き回れる場合が多い（前章でもお話しした通り、このような成長パターンを専門用語で「早成性」という）。地面だと、卵やヒナを狙う天敵に襲われる可能性があるから、孵化

図版16　1年間で産む卵の総重量の比較

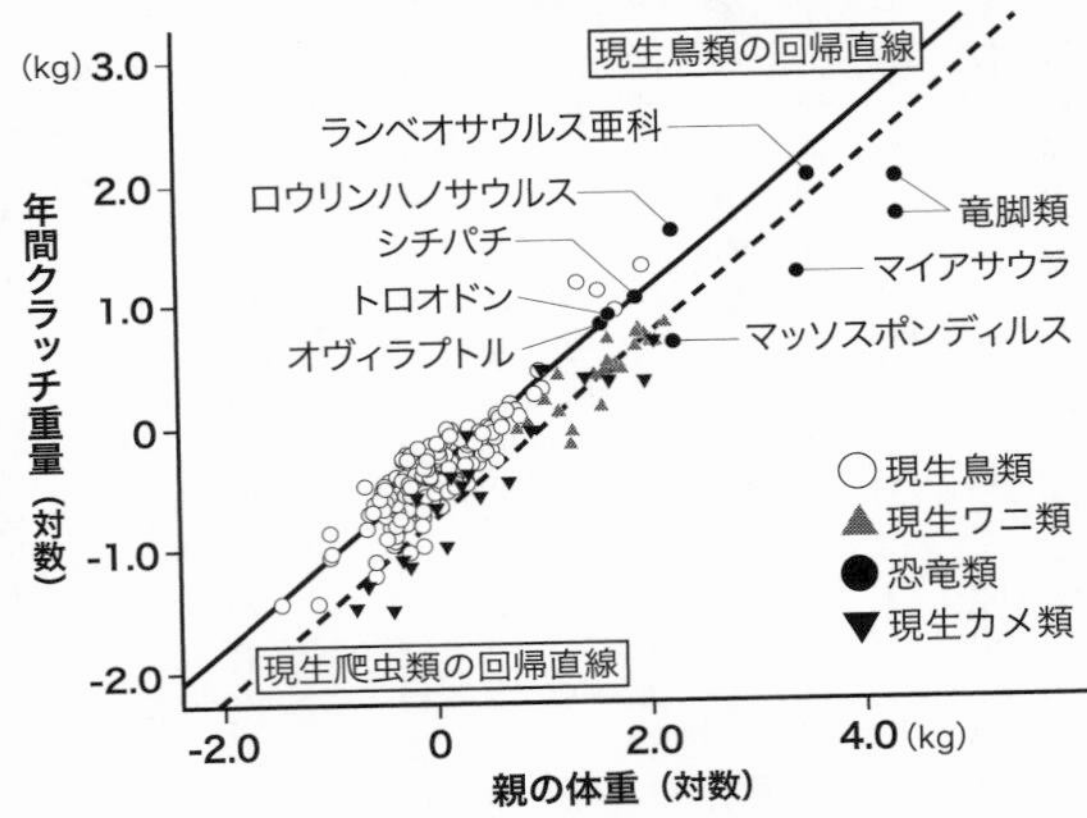

出典：Werner and Griebeler (2013) に基づいて作成

後ヒナが自分の脚で巣を去れるパターンの方が、都合が良いのだろう。過酷な世界で生き延びるため、クラッチサイズは大きい方が良い。きっと地面に巣を作った恐竜たちも、そういう理由でクラッチサイズが大きかったのではないだろうか。

しかしここで、「その割には、恐竜の卵の数はそこまで多くなくない？」と誰かに言われそうだ。確かに、恐竜は体重が何トンにもなるのに、卵は小さいし、クラッチサイズは20〜40個程度である。体の小さなウミガメの方が産卵数（例えば、アオウミガメで120個）はずっと多い。もっとたくさん産んでいてもいいような気がする。

同じことを考えた研究者がいた。ドイツ

のヤン・ワーナー博士とエヴァ・グリエベラー博士である。図版16をご覧いただきたい。現在のワニ類と鳥類、そしてカメ類の、親の体重と年間のクラッチ重量を比較したものだ。年間のクラッチ重量とは、卵重×クラッチサイズ×1年間の巣の数である。爬虫類や鳥類の中には、1年間に2個以上の巣を作る種がいる。そういう種では、1年に作る巣の数をクラッチ重量と掛けることで、年間のクラッチ重量が計算できる。つまりこれは、1年間に生産した卵の総重量ということになる。

親の体重と年間のクラッチ重量には正の比例関係が存在する。大きな種ほど、年間クラッチ重量は大きくなる。これはとても興味深い関係である。ある種が産めるクラッチ重量は体重によってだいたい決まってくるので、相対的に大きな卵を選択すると少しだけ産むことになり、逆に小さな卵を選択するとたくさん産むことができるというルールが見出せるのだ。

簡単に言うと、これは遠足のおやつ問題である。上限は300円までと決まっている。この範囲内でどういうお菓子を買おう。きっと読者の皆さまも、一度は直面した問題ではないだろうか。150円のポッキーを2箱買うか、安い駄菓子をちりばめるか。ちなみに私は「ええい、まどろっこしい！」と言って300円の煎餅セットを初夏の汗ばむ遠足に持って行き、心底後悔したことがある。ちなみに、300円の上限に収まるなら、バナナを選択しても良いです。

恐竜もよく似た問題に直面していたが、状況は少し違った。骨盤の制約によって、そもそも産める卵のサイズには限界があったのだ。必然的に、小さな卵を産むしかない。だったら、たくさんの卵を産もうじゃないか。

ワーナー博士とグリエベラー博士の研究によって、獣脚類とヒパクロサウルスの属するハドロサウルス類ランベオサウルス亜科では、年間1個の巣を作っていただろうと予想された。かれらは1個の巣のクラッチ重量が比較的大きくて、年間で2個も3個も巣を作ることはなかったとされる。一方、竜脚形類とマイアサウラは見つかっているクラッチ重量が比較的軽く、能力的にはもっと卵を産めた可能性がある。1年間、あるいは一度の繁殖期に複数の巣を作っていたと考えられるのだ。ワーナー博士とグリエベラー博士によれば、マイアサウラは年間2個から最大で11個の巣を作ったという。同じく、竜脚形類も複数の巣を作った可能性があるという。

なぜ竜脚形類やマイアサウラは複数の巣を作り、クラッチを分散させたのだろう。動物生理学で有名なオーストラリアのロジャー・シーモア博士が興味深い仮説を立てていいる。これらの恐竜はウミガメのように卵を地面に埋めていたと考えられる。地中は酸素が乏しいため、卵の数が多すぎると酸欠になってしまう可能性がある。一度に埋められる卵の数には制限があるわけだ。クラッチを分散させることで、窒息の危険を回避しているという。

ちょっとまとめよう。恐竜たちの卵やクラッチを調べていくと、系統的に鳥類に近づくにつれ、いろいろな変化が見られた。竜脚類に比べて、獣脚類恐竜は年間で作る巣の数（つまり年間の産卵数）が減少した。さらに、明らかに細長い卵（つまり、体のわりに大きな卵）を産む種が現れた。産卵数が減り、相対的に大きな卵になると、親は少しずつ子育て重視の繁殖術へと切り替わっていく。獣脚類恐竜の中には、オヴィラプトロサウルス類やトロオドン科のように、抱卵していた種が確認されている。現在の鳥はとても大切にヒナを育てるが、その前身となる行動が、獣脚類恐竜で見られ始めるのだ。巨大卵をめぐる冒険は、恐竜の繁殖戦略をめぐる探求でもあったようだ。

王さま、恐るべし！

結局私は、大玉ころがしほどもある恐竜卵を見つけることはできなかった。アジアゾウが産む仔ゾウの体重は90キログラムだけれども、同じくらいの大きさの恐竜（＝マイアサウラ）が産む卵は３９０グラムだ。全く歯が立たない。はなから、ゾウの卵よりも大きな恐竜の卵など存在しなかったのだ。もしこれを知っていて、恐竜の卵ではなく、ゾウの卵を探そうと王さまが考えていたとしたら、何たる策士だろうか。王さま、恐るべし！

さて、王さまにどう言い訳しようか。剃髪（ていはつ）し、いっそ高野山で隠遁（いんとん）生活でも送ろうかと考えていた矢先、調査結果を王さまに報告するよう、小姓の使いが現れた。もはや言い逃れはできない。私は覚悟を決め、城に向かった。

城内では、同じくゾウの卵を見つけられなかった家来たちが続々と戻ってきていて、重臣たちが王さまと何やら相談している様子。私が割り込む隙はない。かくして王さまは、哺乳類は卵を産まないという、事の顛末を知ることとなったのだった。

さあ、ゾウの卵を持ち帰ることができなかった家来たちの運命やいかに？　読者の皆さま、結末は絵本をお楽しみください。

《コラム7》家でもできる！　卵の重さを推定しよう

恐竜の生きていたころの卵の重さは簡単に計算できる。アメリカのドナルド・ホイット博士が考案した方法だ。博士は、現在の鳥の生卵（殻付き）の重さと卵の長さ（長径）・幅（短径）に相関関係があることを見出した。以下がその式である。

$$M = 5.48 \times L \times B^2 \div 10000$$

ここで、Mは卵の重さ（グラム）、Lは長径（ミリメートル）、Bは短径（ミリメートル）である。卵の長径と短径をものさしかノギスで測れば計算できる。簡易的なノギスは100円ショップやホームセンターでも売っている。欲を言えば、プラスチック製でも良いので、ノギスは小数第1位や第2位まで測れると正確な計測ができる。台所で挑戦してみよう。

私の家にあるニワトリの卵（Lサイズ）は長径が55・1ミリメートル、短径が43・0ミリメートルだった。ということは、

$$M = 5.48 \times 55.1 \times 43.0^2 \div 10000 = 55.83g$$

となる。電子はかりで実際の重さを測ってみると、57・2グラムだったから、だいたい一致している。ウズラやアヒル、ウコッケイの卵ではどうだろうか。スーパーで卵を買ってきて調べてみよう。

この式は鳥の卵に基づいて導き出されたものだが、ワニ類の式も大差はない。ということは、恐竜の卵でもそれほど問題なく使えるということである。私はこれまでに数えきれないほどの卵化石を調べ、卵の重さを推定してきた。この計算式にはしょっちゅうお世話になっているから、サイズ感は体の感覚で覚えていて、卵化石を見ればだいたいの重さを予想できる。卵化石研究においてこの能力は大変役立つが、実生活で役に立ったためしはない。無益な特殊能力を身に付けてしまった。

エピローグ——結局、最強の恐竜はナニ？

本書を通して、いろいろな能力を探り、ナンバーワン恐竜を見てきた。各章に登場したナンバーワン恐竜をざっとおさらいしてみると、次のようになった。

一番大きな恐竜：おそらくアルゼンチノサウルス
一番足が速い恐竜：オルニトミムスのなかま
一番噛む力が強い恐竜：ティラノサウルス
一番大きなウンコ化石：マイアサウラ
一番賢い（相対的に脳が大きい）恐竜：トロオドンのなかま
一番大きな卵化石：大型のオヴィラプトロサウルス類

もちろん、これは現在の研究で分かっている範囲での答えだから、将来記録が更新される可能性は十分ある。

ここで、プロローグでお話しした問いに戻ろう。

「一番強い恐竜は何ですか?」

NHKラジオの『子ども科学電話相談』で質問してくれた7歳の女の子は、恐竜たちを戦わせたとき、一番強い恐竜は何かを知りたかった。本書で紹介した恐竜たちの中に、最強恐竜はいるだろうか。

消去法で考えると、まず、ウンコが大きいマイアサウラと卵が大きいオヴィラプトロサウルス類は除外できる。ウンコと卵の大きさは戦いには直接関係ないからだ。足が速い恐竜(オルニトミムスのなかま)も逃げることには長けているだろうが、相手を倒すことには向いていないだろう。戦って勝つという戦法ではない。

相対的に脳の大きなトロオドンのなかまはどうだろう。頭の良さを使って相手を打ち負かすことができるのだろうか。トロオドンのなかまの相対的な脳容量は、現在のダチョウやエミューなどの飛べない鳥と同じくらいである。仮にダチョウと同じ知能を持っていたとしても、敵を倒す策を頭で考えられるだろうか。ダチョウは知能というよりも、その高い身体能力で敵からの攻撃を躱したり応戦しているイメージだ。トロオドンも、他の恐竜よりは知能が高かったかもしれないが、戦いのための思考能力があったかどうかははなはだ疑問である。

そうなると、残るは体が大きな植物食恐竜のアルゼンチノサウルスと肉食恐竜最大サイズかつ噛む力が強いティラノサウルスである。アルゼンチノサウルスとティラノサウルスは棲んでいた地域も時代も違うから、実際に戦ったことはない。それでも、両者が戦ったら、どうなったのだろう。これは良い勝負だったに違いない。

ティラノサウルスが生きていた北米の南部には、アラモサウルスという巨大な竜脚類が生息していた。アルゼンチノサウルスには及ばないものの、体重は35トンにもなったと推定されている。アルゼンチノサウルスよりも一回りか二回り小さいくらいの方が、小回りが利くし、ティラノサウルスの攻撃に応戦しやすかったのではないか。ティラノサウルスと互角に戦える恐竜は、もしかしたら、ティラノサウルスと共存していた恐竜たちなのかもしれない。

大型竜脚類と大型獣脚類の対決こそが、中生代の好カードではないだろうか。

この問いを考えるとき、私はラジオで聞かれた、また別の質問を思い出す。

「ティラノサウルスはオスとメスで、どちらが強いのですか？」

こちらは小学2年生のお子さんからの質問だ。ティラノサウルスは一部の標本で（骨髄骨という産卵期のメス特有の構造が発見されているため）、メスであることが分かっている。一方、オスと断定できる標本はない。4章ではティラノサウルスの各標本の噛む力を紹介したが、標本の雌雄は推定されていない。したがって、ティラノサウルスのオスとメスでは、どちらが噛む力が強いのかは分からない。もっとも、噛む力だけで勝敗が決まるわけではないけれども。お友だちの質問にはどうやって答えようか。

「う～ん、僕はメスだと思うな。それも繁殖中の。例えば、子育てをしているときのクマってとても気が立っているって聞いたことない？　仔グマを守るために必死だからね。ティラノサウルスのお母さんも同じように強かったんじゃないかなあ」

これは私が恐竜の繁殖研究を通して感じる意見だ。恐竜の卵や巣の化石からは、遠い昔、親が大切に卵や赤ちゃんを保護した形跡を垣間見ることができる。子育てのときの必死さは、現生動物だろうと化石種だろうと変わらない。恐竜も、気迫で母親が勝つのではないだろうか。

ティラノサウルスの骨格には、がっちり型とほっそり型の2タイプが存在するという説がある。本当に2タイプが存在しているのかどうかは今後さらなる検証が必要だが、2タイプはオスとメスの違いを示しているかもしれないそうだ。がっちり型がメスという意見もある。4章で噛む力が最強だった「スー」の標本は、がっちり型に分類できるという。逆にほっそり型は図版9で言うと、標本番号MOR 980、BHI 3033、RTMP 81.6.1などの標本だ。この説に従えば、がっちり型の方が噛む力が強い。ただし、標本数がとても少ないので、アヤシイ言い分ではあるけれども。

恐竜のオスとメスの体格差は未だによくわかっていないが、本当にがっちり型とほっそり型がオスとメスの違いを示していて、体の大きさや噛む力にも差があったとしたら、とても興味深い。今後、研究が進むのを期待するばかりだ。いつか、自信をもってお友だちの質問に答えられる日が来るだろうか。

解明されるそのときまで、私は、ティラノサウルスならば繁殖期のメスが最強だった説を提案したい。比較的、鳥に近い系統の獣脚類恐竜なら子育てしていたとしても不思議ではない。ワニでさえ、母親が卵から孵ったばかりの子を守る行動が知られている。だからきっと、母ティラノは超強かったのではないだろうか。

一方、アルゼンチノサウルスを含め竜脚類は一切の子育てをしなかったと言われている。親が巨大すぎて子育てには不向きであることと、卵をたくさん産むので、卵の世話をせず、「たくさん産んで運に任せる」方式の繁殖術だったと推測されている。ということは、繁殖期のメスのアルゼンチノサウルスはティラノサウルスほど気が立っていなかったかもしれない。

気迫という点で、私は、アルゼンチノサウルスと母ティラノが戦った場合、勝つのはティラノサウルスに一票入れたい。本書における私の答えは、「最強の恐竜は母親のティラノサウルス」である。ラジオへ質問をくれたお友だち、答えが遅くなってしまって大変申し訳アリマセン。

読者の皆さんはどうだろうか。私の答えに賛成する必要はない。違う意見も、きっとあるだろう。答えが永遠に分からない疑問だからこそ、考える余地が自由に残されている。ティラノサウルスもアルゼンチノサウルスも、それぞれ巨大すぎるので、もう一回りずつ小さな恐竜の方が小回りが利いて、白熱した試合を観戦できるだろう、という意見もある。恐竜研究はそこがいい。恐竜学者も、恐竜が好きな7歳の女の子も、対等に議論ができるのだ。

このエピローグを執筆している2週間後の2023年10月から、私は中央アジアのウズベキスタンへと旅立つ予定である。かつてウズベキスタンを支配していた恐竜たちを再び探しに行くのである。研究に終わりはない。ひとつ疑問が解決すると、新しい疑問がたくさん湧いてくる。ウズベキスタンでは、ウルグベグサウルスというウズベキスタンで一番大きな肉食恐竜を既に発表しているけれど、本当に私たちの研究は正しかったのだろうか。他にも能力の高い肉食恐竜はいなかったのだろうか。ウルグベグサウルスのエサとなる植物食恐竜は何だったのだろうか。疑問は尽きない。

ラジオのお友だちへの答えを探すべく、そして自分自身が納得する答えを探すべく、私たちは今日も旅に出る。ナンバーワン恐竜を求めて、そして恐竜の「生きざま」を探るために。

近い将来、本書に書いてある内容は情報が「古い」と言われるようになるだろう。恐竜研究はそれで大いに結構である。本書の編集者はがっかりするかもしれないが、時間が経てばまた新しい本を書きましょう。

本書が役目を終えたとき、恐竜研究は次のステージへと突き進んでいるはずである。

本書の内容を古くするのは私たち現役研究者、そして次を担う若い読者の皆さんである。研究に終わりはない。さあ、再びパスポートは持ったか？　恐竜研究は待ったなしだ！

田中康平

２０２３年９月吉日

主要参考文献

2章

Benson, R. B., Hunt, G., Carrano, M. T. et al. (2018). *Palaeontology*, 61: 13-48.
Campione, N. E., & Evans, D. C. (2012). *BMC Biology*, 10: 1-22.
Campione, N. E., & Evans, D. C. (2020). *Biological Reviews*, 95: 1759-1797.
Campione, N. E., Evans, D. C., Brown, C. M. et al. (2014). *Methods in Ecology and Evolution*, 5: 913-923.
Gillooly, J. F., Allen, A. P., & Charnov, E. L. (2006). *PLoS Biology*, 4: e248.
Laskar, A. H., Mohabey, D., Bhattacharya, S. K. et al. (2020). *Heliyon*, 6: e05265.
Sander, P. M., Christian, A., Clauss, M. et al. (2011). *Biological Reviews*, 86: 117-155.
Sassani, N., & Bivens, G. T. (2017). *PeerJ*, 5: e2988v1.
Wang, M., O, Connor, J. K., Xu, X. et al. (2019). *Nature*, 569: 256-259.
Wiemann, J., Menéndez, I., Crawford, J. M. et al. (2022). *Nature*, 606: 522-526.

3章

Alexander, R. M. (1976). *Nature*, 261: 129-130.
Farlow, J. O. (1981). *Nature*, 294: 747-748.
Holtz Jr, T. R. (1995). *Journal of Vertebrate Paleontology*, 14: 480-519.

Hutchinson, J. R., & Garcia, M. (2002). *Nature*, 415: 1018-1021.
Persons IV, W. S., & Currie, P. J. (2016). *Scientific Reports*, 6: 19828.
Russell, D. A., & Béland, P. (1976). *Nature*, 264: 486-486.
Snively, E., & Russell, A. P. (2003). *Journal of Morphology*, 255: 215-227.
Thulborn, R. A. (1982). *Palaeogeography, Palaeoclimatology, Palaeoecology*, 38: 227-256.
Thulborn, R. A. (1990). *Dinosaur Tracks*. Chapman and Hall, London. Pp. 410.
van Bijlert, P. A., van Soest, A. K., & Schulp, A. S. (2021). *Royal Society Open Science*, 8: 201441.
Xing, L. D., Lockley, M. G., Klein, H. et al. (2021). *Journal of Palaeogeography*, 10: 1-19.

4章

Bates, K. T., & Falkingham, P. L. (2012). *Biology Letters*, 8: 660-664.
Bates, K. T., & Falkingham, P. L. (2018). *Biology Letters*, 14: 20180160.
Button, D. J., Barrett, P. M., & Rayfield, E. J. (2016). *Palaeontology*, 59: 887-913.
Erickson, G. M., Kirk, S. D. V., Su, J., et al. (1996). *Nature*, 382: 706-708.
Gignac, P. M., & Erickson, G. M. (2017). *Scientific Reports*, 7: 2012.
Landi, D., King, L., Zhao, Q. et al. (2021). *Palaeontology*, 64: 371-384.
Lautenschlager, S. (2013). *Journal of Anatomy*, 222: 260-272.
Ma, W., Pittman, M., Lautenschlager, S. et al. (2020). *Bulletin of the American Museum of Natural*

History, 440: 229-250.

Reichel, M. (2010). *Swiss Journal of Geosciences*, 103: 235-240.

Therrien, F., Zelenitsky, D. K., Voris, J. T. et al. (2021). *Canadian Journal of Earth Sciences*, 58: 812-828.

van Eijden, T. M. G. J. (1991). *Archives of Oral Biology*, 36: 535-539.

5章

Chin, K. (2007). *Palaios*, 22: 554-566.

Chin, K. (2007). In Brett-Surman, M. K. et al. eds. *The Complete Dinosaur 2nd Ed*. Indiana University Press, Bloomington and Indianapolis: 589-601.

Chin, K., Eberth, D. A., Schweitzer, M. H. et al. (2003). *Palaios*, 18: 286-294.

Chin, K., Feldmann, R. M., & Tashman, J. N. (2017). *Scientific Reports*, 7: 11163.

Chin, K., Hartman, J. H., & Roth, B. (2009). *Lethaia*, 42: 185-198.

Chin, K., Tokaryk, T. T., Erickson, G. M. et al. (1998). *Nature*, 393: 680-682.

Farlow, J. O., Chin, K., Argast, A. et al. (2010). *Journal of Vertebrate Paleontology*, 30: 959-969.

Ghosh, P., Bhattacharya, S. K., Sahni, A. et al. (2003). *Cretaceous Research*, 24: 743-750.

Gunter, N. L., Weir, T. A., Slipinksi, A. et al. (2016). *PLoS One*, 11: e0153570.

Hunt, A. P., & Lucas, S. G. (2012). *New Mexico Museum of Natural History and Science Bulletin*, 57: 137-146.

Molnar, R. E., & Clifford, H. T. (2000). *Journal of Vertebrate Paleontology*, 20: 194-196.
Prasad, V., Stromberg, C. A., Alimohammadian, H. et al. (2005). *Science*, 310: 1177-1180.
Vinther, J., Nicholls, R., & Kelly, D. A. (2021). *Current Biology*, 31: R182-R183.
Vršanský, P., van de Kamp, T., Azar, D. et al. (2013). *PLoS One*, 8: e80560.

6章

Buchholtz, E. (2012). In Brett-Surman, M. K. et al. eds. *The Complete Dinosaur 2nd Ed.* Indiana University Press, Bloomington and Indianapolis: 191-208.
Evans, D. C. (2005). *Acta Palaeontologica Polonica*, 50: 617.
Herculano-Houzel, S. (2017). *Current Opinion in Behavioral Sciences*, 16: 1-7.
Hurlburt, G. R., Ridgely, R. C., & Witmer, L. M. (2013). In Parrish, J. M. et al. eds. *Tyrannosaurid Paleobiology*. Indiana University Press, Bloomington and Indianapolis: 1-21.
Jerison, H. J. (1973). *Evolution of the Brain and Intelligence*. Academic Press, New York. Pp. 482.
Jerison, H. J. (1985). *Philosophical Transactions of the Royal Society of London. B*, 308: 21-35.
Knoll, F., Lautenschlager, S., Kawabe, S. et al. (2021). *Journal of Comparative Neurology*, 529: 3922-3945.
Varricchio, D. J., Hogan, J. D., & Freimuth, W. J. (2021). *Canadian Journal of Earth Sciences*, 58: 796-811.
Zelenitsky, D. K., Therrien, F., & Kobayashi, Y. (2009). *Proceedings of the Royal Society B*, 276: 667-673.

Zelenitsky, D. K., Therrien, F., Ridgely, R. C. et al. (2011). *Proceedings of the Royal Society B*, 278: 3625-3634.

7章

Hoyt, D. F. (1979). *Auk*, 96: 73-77.
Norell, M. A., Wiemann, J., Fabbri, M. et al. (2020). *Nature*, 583: 406-410.
Starrfelt, J., & Liow, L. H. (2016). *Philosophical Transactions of the Royal Society B*, 371: 20150219.
Tanaka, K., Zelenitsky, D. K., Saegusa, H. et al. (2016). *Cretaceous Research*, 57: 350-363.
Varricchio, D. J., & Barta, D. E. (2014). *Acta Palaeontologica Polonica*, 60: 11-25.
Werner, J., & Griebeler, E. M. (2013). *PLoS One*, 8: e72862.

エピローグ

Larson, P. (2008). In Larson, P. L., & Carpenter, K. eds. *Tyrannosaurus rex, the Tyrant King*. Indiana University Press, Bloomington and Indianapolis: 103-128.

——主要参考文献の情報拡張版は、こちらからご確認いただけます。

田中康平　1985（昭和60）年名古屋市生まれ。筑波大学生命環境系助教。北海道大学理学部卒業、2017年カルガリー大学地球科学科修了。Ph.D.。著書に『恐竜学者は止まらない！』。

Ⓢ新潮新書

1027

最強の恐竜（さいきょうのきょうりゅう）

著者　田中康平（たなかこうへい）

2024年1月20日　発行

発行者　佐藤隆信

発行所　株式会社 新潮社

〒162-8711　東京都新宿区矢来町71番地
編集部(03)3266-5430　読者係(03)3266-5111
https://www.shinchosha.co.jp

装幀　新潮社装幀室

協力　久保田克博

図版製作　ブリュッケ

印刷所　株式会社光邦

製本所　株式会社大進堂

ISBN978-4-10-611027-6　C0245

価格はカバーに表示してあります。